WOMAN BASIC SALON DESIGN CUT

여성 베이직 살롱 디자인 커트

저자약력

박선이
- 미용장, 이용장
- 현) 창신대학교 미용예술학과 학과장

저서
- 여성살롱디자인 커트
- 미용장 실기 창작 커트
- 남성베이직 살롱 디자인 커트 개정판

장지민
- 미용장, 이용장
- 직업훈련교사 이·미용서비스 1급
- 현) 창신대학교 미용장 과정 강사

저서
- 여성살롱디자인 커트
- 미용장 실기 창작 커트
- 남성베이직 살롱 디자인 커트 개정판
- 논문: 기하학 조형요소를 응용한 미니멀리즘 헤어커트 디자인 작품 제작연구

손영선
- 미용장
- 직업훈련교사 미용서비스 2급
- 사)대한미용사회 중앙회 기술강사
- 창신대학교 평생교육원 강사
- 밀양시 여성회관 커트 강사

저서
- 남성베이직 살롱 디자인 커트 개정판

이지안
- 미용장
- 직업훈련교사 미용서비스 2급
- 창신대학교 평생교육원 남성베이직 커트 강사
- 창원시청 여성회관 커트 강사

저서
- 남성베이직 살롱 디자인 커트 개정판

박정은
- 미용장
- 직업훈련교사 미용서비스 2급
- 사)대한미용사회 중앙회 기술강사
- 현) 창신대학교 미용장 과정 강사

저서
- 남성베이직 살롱 디자인 커트 개정판

차은우
- 이용장
- L&G 헤어재교육센터장
- 올댓아카데미 인천점 헤어실무 강사
- 사)헤어디자인협회 부이사장

저서
- 남성베이직 살롱 디자인 커트 개정판

여성 베이직 살롱 디자인 커트

초판 인쇄 2025년 9월 10일
초판 발행 2025년 9월 20일

| 저 자 | 박선이, 장지민, 손영선, 이지안, 박정은, 차은우
| 협 찬 사 | 모리스, 마타하리, 티모시
| 발 행 인 | 조규백
| 발 행 처 | 도서출판 구민사
(07293) 서울특별시 영등포구 문래북로 116, 604호(문래동3가 46, 트리플렉스)
| 전 화 | (02)701-7421
| 팩 스 | (02)3273-9642
| 홈 페 이 지 | www.kuhminsa.co.kr
| 신 고 번 호 | 제 2012-000055호(1980년 2월 4일)
| I S B N | 979-11-6875-596-3(93590)
| 정 가 | 30,000원

본 연구(개발) 결과물은 2025학년도 대학혁신지원사업의 연구비로 진행되었습니다.

여성 베이직 살롱 디자인 커트

머리말

커트는 고객이 원하는 스타일을 고객의 두상과 얼굴형에 맞추어 이미지로 표현하는 과정입니다. 이 과정에서 우리는 반드시 두상의 곡면과 얼굴의 곡선을 고려해야 합니다. 스타일은 시대의 흐름에 따라 계속 변화해왔고, 미용사로서 이에 유연하게 대응해야 할 책임이 있습니다.

저자는 손재주도 부족했고, 눈썰미도 좋지 않았습니다. 그래서 커트는 늘 어렵게 느껴졌고, 그 이유를 오랫동안 고민했습니다. 결국 문제는 도구나 환경이 아니라 나 자신에게 있다는 것을 깨달았습니다. 사진 속 스타일이나 고객의 말로 표현된 스타일을 실제로 구현해내는 과정에서 늘 갈등과 고민이 따랐습니다. 물론 두상, 머릿결, 얼굴형에 따라 결과가 달라질 수 있지만, 그것은 결코 실력 부족의 핑계가 될 수 없습니다.

기능사는 반복된 연습과 정형화된 기준을 통해 실력을 쌓아갑니다. 손재주가 없어도, 눈썰미가 부족해도 누구나 따라 할 수 있는, 원칙 중심의 커트 방법을 찾고자 했습니다. 그리고 이 책에 그 내용을 담았습니다.

커트의 6가지 원칙

1. 등분 나누는 방식은 동일하게 적용한다.
2. 각도는 두상각을 기준으로, 길이 차이로 커트의 유형을 구분한다.
3. 온베이스와 오버디렉션만을 사용해 커트의 베이스를 설정한다.
   (두상의 곡면에 따라 떨어지는 선이 달라지므로, 이에 맞춰 베이스를 정한다.)
4. 전체적인 형태미를 먼저 파악한다.
   (스퀘어 라인, 라운드 라인, 콤백스, 콘케이브, 전대각, 후대각 등)
5. 질감 처리는 커트 시 등분과 베이스를 반드시 지키며 진행한다.
6. 두상의 포인트 지점을 기준으로 한다.
   (사용한 가발의 두상 길이와 둘레를 모두 센티미터로 측정하여 포인트 지점을 설정했고, 고객마다 이 수치는 다르므로 그 차이를 인지하는 것이 중요하다.)

책의 구성

이 책은 실무에 바로 적용할 수 있도록 이론과 실기를 체계적으로 나누어 구성하였습니다.

1부 - 이론편 커트를 위한 필수 기본 원칙을 정리하였습니다.

2부 - 실기편 여성 베이직 커트 실습 중심으로 구성하였습니다.

- Chapter 1. 베이직 원랭스 라인 롱, 미디움, 보브, 머쉬룸 등 어깨선 기준의 커트 기법을 설명합니다.
- Chapter 2. 베이직 그라데이션 라인 로우, 미디움, 하이 형태 중심으로, 후두부 볼륨과 아웃라인을 중점적으로 다룹니다.
- Chapter 3. 베이직 레이어 라인 두상각 90도를 기준으로 스퀘어 라인과 라운드 라인 구성법을 설명합니다.
- Chapter 4. 베이직 숏컷 라인 1~3장의 베이직 기법을 응용한 숏컷 스타일로, 스퀘어 및 라운드 라인 커트를 담았습니다.

총 13가지 베이직 커트를 수록하여 쉽고 정확하게 따라 할 수 있으며, 응용과 창작이 가능한 스타일로 정리하였습니다. 이 책은 살롱 현장과 교육 현장에서 검증된 커트 방식을 바탕으로 구성되었습니다. 또한 동영상을 시청할 수 있도록 하였습니다. 각 챕터에 있는 QR 코드를 통해 영상으로 실습할 수 있도록 하였습니다.

이 책이 미용인의 길을 걷는 여러분께 실무에 바로 적용 가능한 실질적인 지침서가 되기를 바랍니다. 끝으로, 이 책의 제작에 함께해주신 모든 분들과 가발을 협찬해주신 모리스, 마타하리, 티모시에 깊이 감사드립니다. 아울러 출판을 도와주신 도서출판 구민사의 조규백 대표님과 모든 임직원 여러분께도 진심으로 감사의 인사를 전합니다.

2025년 8월

저자 일동

CONTENTS

제2부 여성 베이직 살롱 디자인 커트 실기

제1부 여성 베이직 살롱 디자인 커트 이론

1. 기본 커트의 종류 및 특징

2. 두상의 포인트

3. 두상의 구획과 명칭

4. 두상의 분할과 명칭

5. 섹션

6. 분배

7. 커트의 상하좌우의 개념

8. 시술각

9. 베이스

10. 가이드라인

11. 손가락 / 가위 위치

12. 두상 부위별 커트 종류 구분하기

13. 아웃라인

14.커트 도구와 기구의 종류 및 기법

15. 헤어커트 기법 종류

16. 질감 기법

헤어디자인 이해의 기초지식

컷을 잘하게 하는 규칙

- 위그는(고객) 위치를 정확하게 파악하고 똑바로 할 것
- 블로킹 및 섹션을 정확하게 설정할 것
- 파팅 및 슬라이스 선이 보이도록 클립 고정할 것
- 가이드가 보이는 넓이로 (1.5~2cm) 파팅 및 슬라이스를 설정한다.
  (두상은 곡면이므로 섹션폭이 넓으면 커트의 선이 조화롭지 못하다)
- 항상 모발 끝이 내려오는 위치를 계산하고 전체적인 형태선을 확인하면서 커트한다.
- 왼손의(판넬을 잡은손) 위치와 손가락의 각도, 몸의 포지션에 집중한다.
- 정확한 빗질로서 각도 및 베이스를 파악한다.
- 조금 떨어진 위치에서 형태의 밸런스를 확인하면서 커트한다.
- 커트는 점으로 커트하여 선의 흐름을 만들어 나가는 과정에서 전체 아웃라인의 형태선과 면을 만들어 간다.

용어 정리

- 블로킹 : 구획을 만드는 것, 블록을 나누는 것
- 섹 션 : 블로킹한 후 다시 작게 구역짓는 일
- 파 팅 : 가장 효과적이고 정확하게 커트하기 위해 세부적으로 나누는 것
- 슬라이스 : 섹션과 파팅을 나눈 모발을 다시 작게 나누는 부분, 즉 패널이라고도 한다.

1. 기본 커트의 종류 및 특징

1) 원랭스 헤어커트(one length haircut)의 종류와 특징

원랭스 커트는 솔리드 커트(solid cut)라고도 하며, 패럴렐, 스파니엘, 이사도라, 머쉬룸 커트가 있다.

커트의 특징은 엑스테리어에서 인테리어로 가면서 점차 길어진다. 길이가 같은 높이에 떨어지는 형태로 끊김이 없고 언액티베이트한 질감이 된다. 아웃라인은 각진 형태선이 된다.

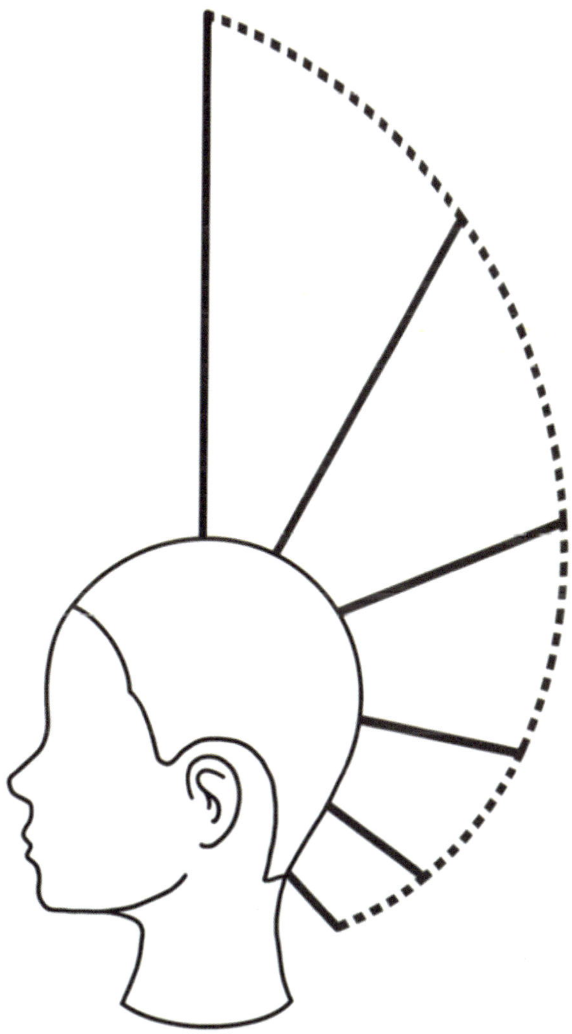

2) 그래쥬에이션 헤어커트(graduation haircut)의 특징

그래쥬에이션 헤어커트는 그라데이션(gradation) 커트라고도 하며, 그 의미는 단계적 변화, 점진적인 단차(층)를 뜻한다. 그래쥬에이션 커트는 길이가 엑스테리어에서 인테리어 쪽으로 점차 길어져 모발 끝이 서로 겹쳐 쌓이는 것처럼 보인다. 그 결과 엑스테리어의 액티베이트한 질감과 인테리어에서 언액티베이트한 질감이 혼합된다. 무게감은 가장자리의 형태선 위에 나타난다. 모양은 삼각형이 되는 경향이 있다.

시술 각도와 패턴에 따른 종류로 나누어진다.

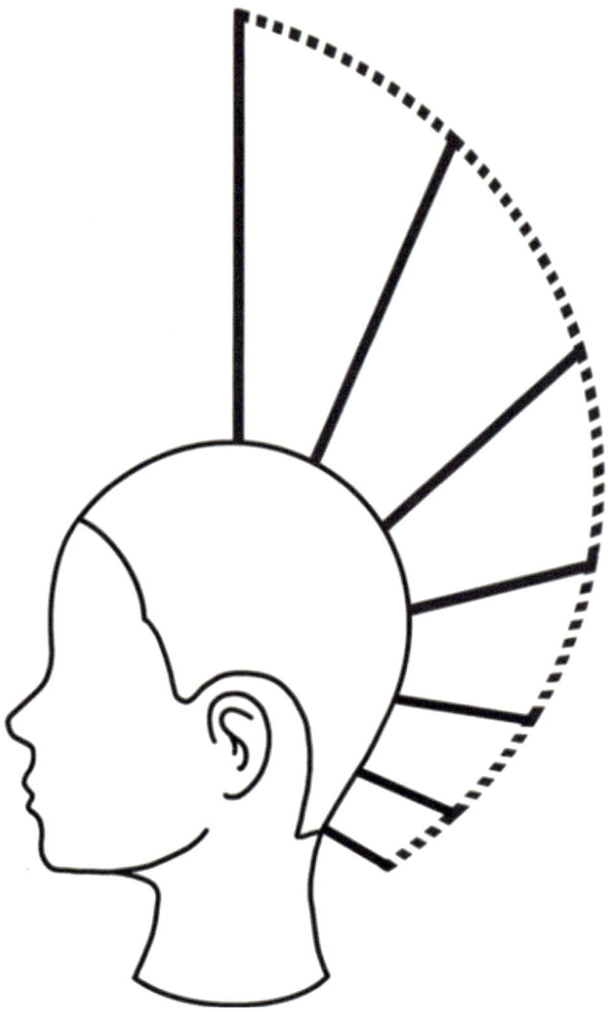

(1) 그라데이션 헤어커트(graduation haircut)의 종류

그라데이션 헤어커트는 시술 각도와 패턴에 따라 분류된다. 시술 각도에 따른 종류는 로우 그라데이션 커트(low graduation cut), 미디엄 그라데이션 커트 (medium graduation cut), 하이 그라데이션 커트(high graduation cut)가 있다. 패턴에 따른 종류는 평행 그라데이션 커트(parallel graduation cut), 증가 그라데이션 커트(increasing graduation cut), 감소 그라데이션 커트(decreasing graduation cut)가 있다.

시술각도에 따른 종류

① 로우 그래쥬에이션(low graduation)

- 낮은 시술각 1 ~ 30°
- 낮은 시술각도와 낮은 단차(층)의 경사선이 만들어진다.
- 무게감과 볼륨이 많이 생기는 스타일이다.

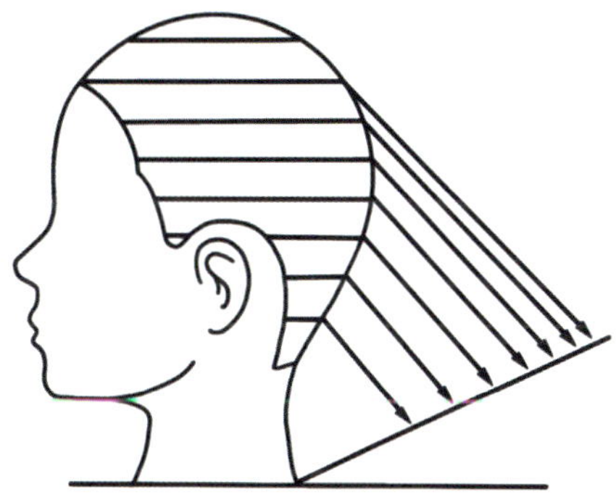

② 미디움 그래쥬에이션(medium graduation)

- 중간 시술각 31 ~ 60°
- 중간 시술각도와 중간 단차(층)의 경사선이 만들어진다.
- 무게감과 볼륨감이 적당하게 생긴다.

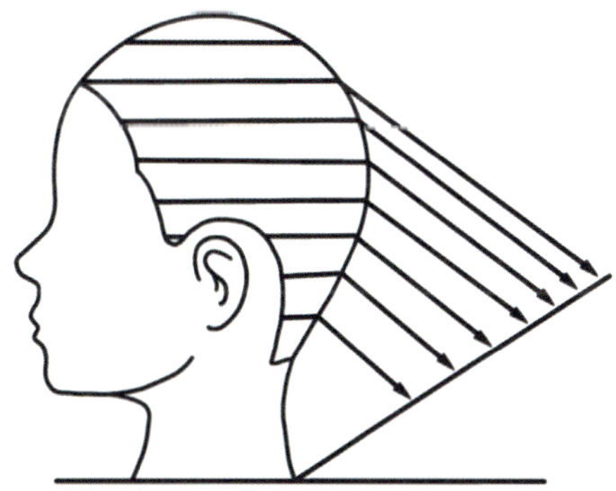

③ 하이 그래쥬에이션(high graduation)

- 높은 시술각 61 ~ 89°
- 높은 시술각도와 높은 단차(층)의 경사선이 만들어진다.
- 무게감과 볼륨감이 상대적으로 작지만 모발의 가벼운 움직임을 느낄 수 있다.

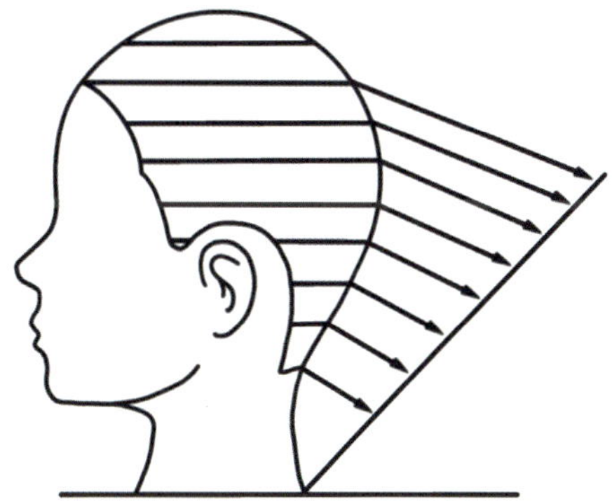

패턴에 따른 종류

① 평행 그래쥬에이션 커트(parallel graduation cut)

헤어커트 스타일의 층이 평행으로 그라데이션되는 것으로, 후두부의 N.P에서부터 아래에서 위로 시술 각도에 따라 커트를 진행하는 기본형이다.

② 증가 그래쥬에이션 커트(increasing graduation cut)

헤어커트 스타일이 앞쪽에서 뒤쪽으로 가면서 층이 증가되어 A라인으로 그라데이션이 된다. 슬라이스 라인을 전경사인 A라인으로 하고 뒤쪽으로 빗어 커트하면, 앞쪽이 길어지며 층이 감소되어 낮아지고 상대적으로 뒤쪽의 층이 증가되는 커트 스타일이 된다.

③ 감소 그래쥬에이션 커트(decreasing graduation cut)

헤어커트 스타일이 앞쪽에서 뒤쪽으로 가면서 층이 감소되어 V라인으로 그라데이션이 된다.

슬라이스 라인을 후경사인 V라인으로 하고 앞쪽으로 빗어 커트하면, 앞쪽이 짧아지며 층이 증가되어 높아지고 상대적으로 뒤쪽의 층이 감소되는 커트 스타일이 된다.

3) 레이어 헤어커트(layer hair cut)의 종류 및 특징

레이어 헤어커트는 90° 이상의 높은 시술각도가 적용되는 커트 스타일로 시술각으로 층이 조절되며, 시술각이 높을수록 단층이 많이 생겨 두상의 톱 부분 모발에서 네이프로 갈수록 길어져 모발이 겹치는 부분이 없어지는 무게감이 없는 커트스타일이 된다. 커트 단면이 모두 드러나 거칠어 보이며 밖으로 뻗치는 힘이 강한 특징이 있다.

(1) 레이어 헤어커트(layer haircut)의 종류

레이어 헤어커트는 시술 각도에 따라 분류되며, 유니폼 레이어(uniform layer), 인크리스 레이어(increase layer), 스퀘어 레이어(square layer)가 있다.

① 유니폼 레이어(uniform layer)

라운드 레이어, 세임 레이어라고도 한다. 모발 전체 길이를 균일하게 커트하는 스타일로 커트를 할 때 두상 시술각도 90°와 온 더 베이스가 적용되며 무게선이 나타나지 않는 엑티베이트한 질감이 된다. 유니폼 레이어형의 둥근 모양은 두상의 곡면과 평행을 이룬다. 커트 디자인을 할 때 모발 길이와 관계없이 전반적으로 응용 범위가 넓다.

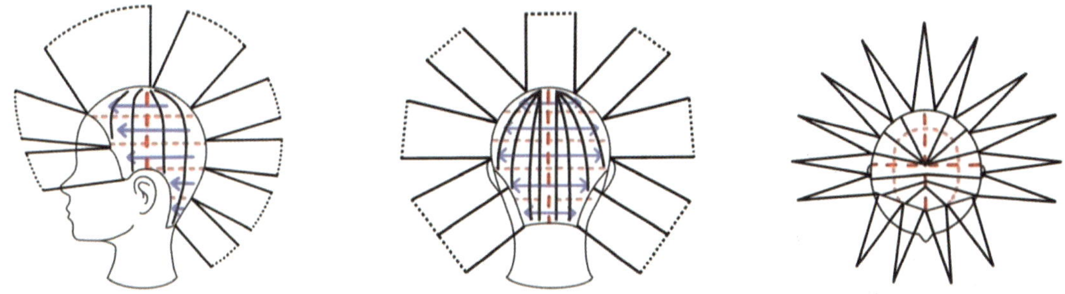

② 스퀘어 레이어(square layer)

커트 단면이 사각으로 각진 상태를 말하며, 커트 선이 네모지게 된다. 도해도상으로 봤을 때 사방에서 대칭적으로 길이를 같게 자르는 방법으로 사각형과 직각의 두 가지 의미를 지니고 있다. 사각형은 외각의 형태를 말하며 직각은 패널의 중심부 상태를 의미한다. 두상의 U라인 영역을 기점으로 모발을 위로 직각, 옆으로 직각으로 커트한다.

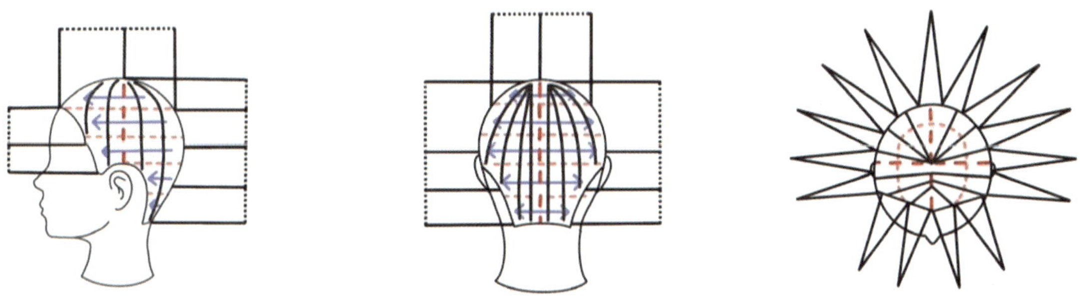

③ 인크리스 레이어(iscrease layer)

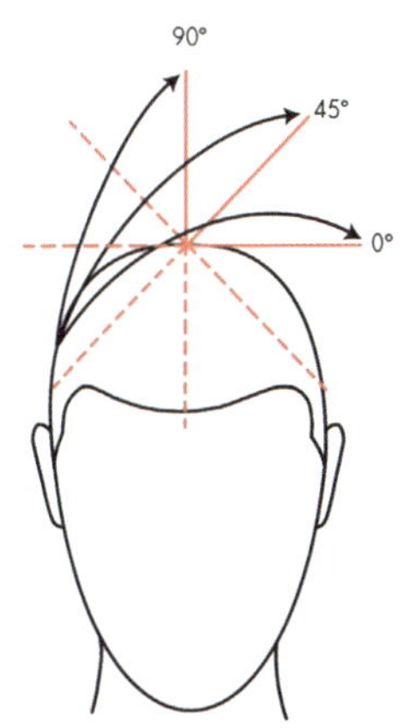

하이 레이어(high layer)라고도 하며, 모발의 길이가 인테리어에서 엑스테리어로 점차 길어져서 무게가 보이지 않는 액티베이트한 표면 질감이 만들어지며 급격한 층이 나도록 하는 커트 스타일이고, 모양은 위 아래로 길쭉해진다. 0°, 45°, 90°가 일반적으로 인크리스 레이어형을 만드는데 사용된다.

시술각은 한 부분으로 모든 길이가 집중되는 고정 디자인 라인이 되는 파팅에만 적용된다.

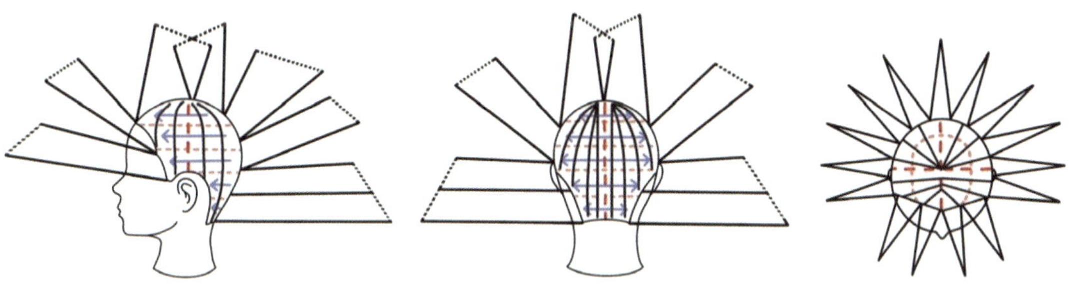

2. 두상의 포인트

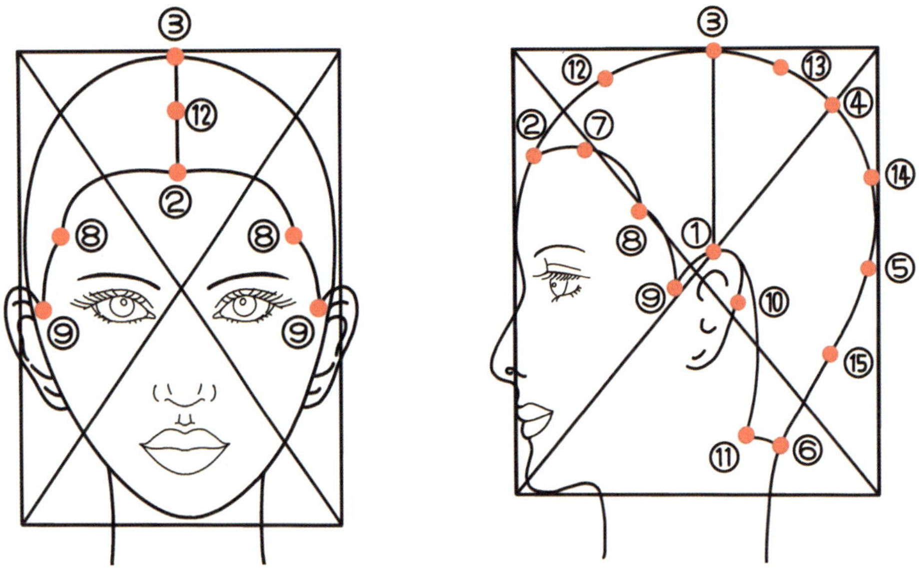

번호	약어	용어
①	E.P	Ear Point
②	C.P	Center Point
③	T.P	Top Point
④	G.P	Golden Point
⑤	B.P	Back Point
⑥	N.P	Nape Point
⑦	F.S.P	Front Side Point
⑧	S.P	Side Point
⑨	S.C.P	Side Corner Point
⑩	E.B.P	Ear Back Point
⑪	N.S.P	Nape Side Point
⑫	C.T.M.P	Center Top Medium Point
⑬	T.G.M.P	Top Golden Medium Point
⑭	G.B.M.P	Golden Back Medium Point
⑮	B.N.M.P	Back Nape Medium Point

3. 두상의 구획과 명칭

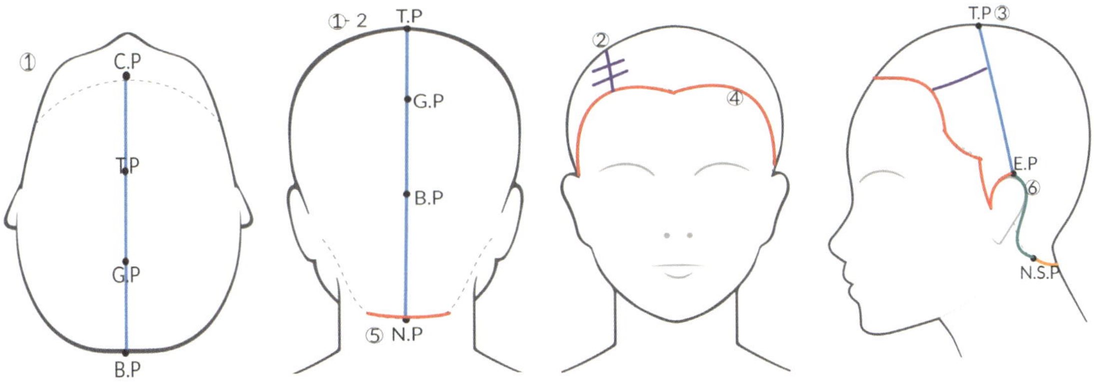

구분	명칭	명칭 설명
①	정중선	코를 중심으로 C.P~T.P~G.P~B.P~N.P를 연결하는 두부 좌·우를 수직 2등분으로 나눈 선
②	측두선	F.S.P에서 측중선까지 연결한 선
③	측중선 (측수직선)	E.P에서 T.P를 지나 반대쪽 E.P로 수직으로 내린 선
④	페이스 라인	전면부의 모발이 나기 시작한 구간(C.P→F.S.P→S.P→S.C.P)
⑤	네이프 백 라인 (네이프 라인)	N.S.P~N.P~N.S.P를 연결한 선
⑥	네이프 사이드 라인	E.P→N.S.P를 연결한 선
⑦	햄 라인	전체적으로 모발이 나기 시작한 구간

4. 두상의 분할과 명칭

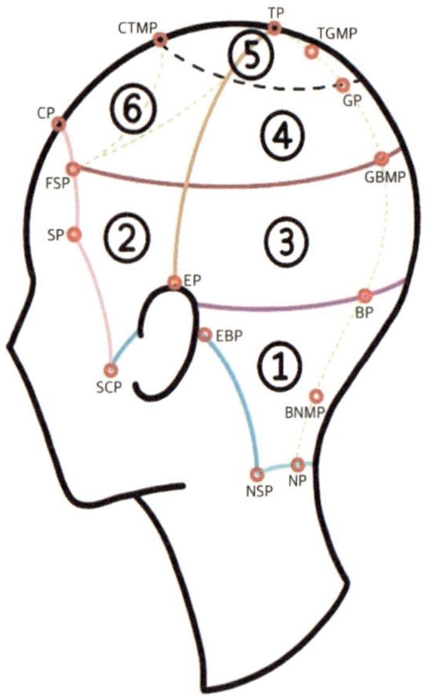

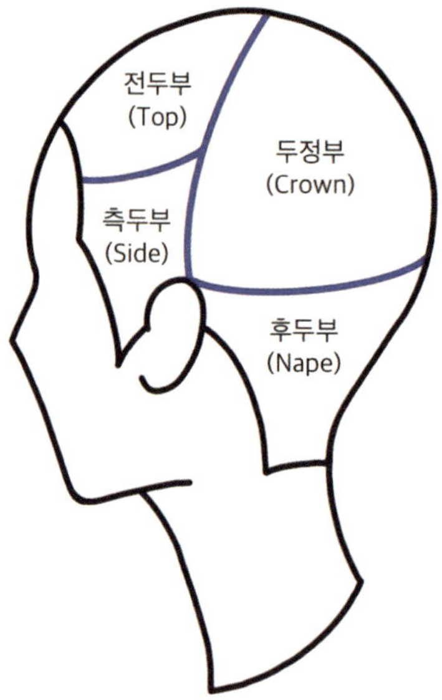

구분	명칭	구획 설명
1번	후두부 (네이프섹션)	커트의 형태선(Out line), 뒷머리의 모양, 길이를 결정짓는 영역 두상에서 가장 낮은 위치, 후두하부라고도 한다.
2번	측두부 (템퍼럴섹션, 사이드섹션)	옆선 만드는 영역 옆선의 이미지가 연출되는 곳으로 측면의 형태선 모양과 질감이 표현되는 곳, 짧은 머리는 이곳에서 얼굴형의 이미지가 결정된다.
3번	두정부 (후중부, 옥시피탈섹션)	두상에서 가장 넓은 영역 돌출된 부분으로 헤어스타일의 전체적 질감이나 움직임에 관여 헤어스타일의 형태에 영향을 준다.
4번	크라운 (두정부, 후상부)	두상에서 가장 높은 위치의 영역 헤어스타일의 높이와 볼륨감을 주는 곳, 두정부라고도 한다.
5번	탑섹션	두상에서 가장 높은 위치의 영역 헤어스타일의 높이와 볼륨감을 주는 곳, 두정부라고도 한다.
6번	전두부 (프론트섹션)	앞머리 표정 만드는 영역 앞머리와 페이스 라인의 형태를 구성하는 섹션 얼굴형과 밀접한 관계로 얼굴의 이목구비와 전체적인 균형에 영향을 준다.

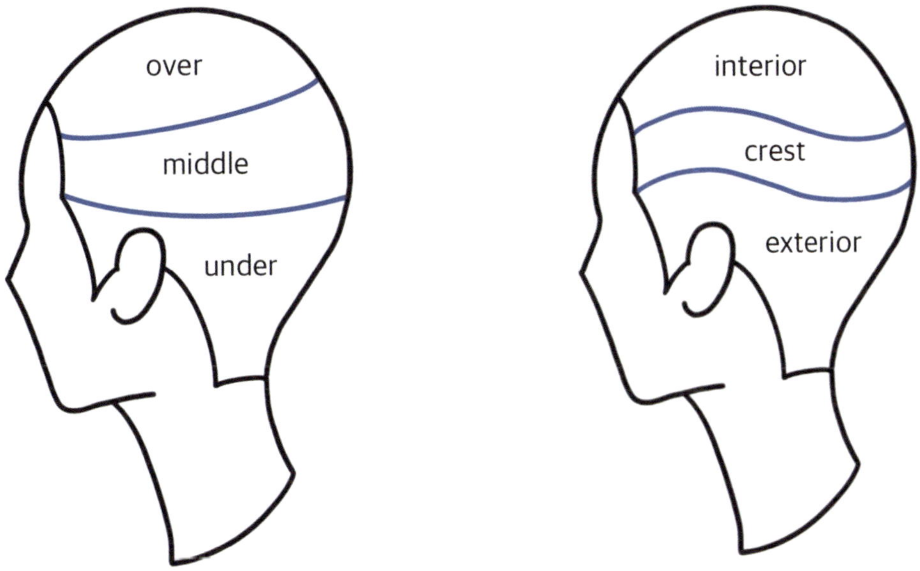

명칭	구획 설명
Over Section	두상에서 측두골 부분에 방사상으로 떨어지는 형태의 모발들로써 전체 헤어디자인의 구성을 좌우하는 부분이다. 두상골격이 완만하게 바깥쪽을 향하는 내리막으로 모발이 호를 그리면서 아래로 떨어지지만 실제로 부채꼴 모양으로 퍼지면서 떨어지므로 단차가 잘 생기는 곳과 잘 생기지 않는 곳이 있다. 웨이트를 구성하는 미들에 덮이게 되므로 전체의 포름 크기를 좌우한다.
Middle Section	두상 골격에서 가상 돌출된 부분으로 헤어디자인의 형태와 두께를 정하는 부분이다. 두정부 중간부분의 양감과 볼륨 등을 표현하는 섹션으로 폭 넓은 단차가 생기고 두께가 나타난다. 웨이트를 만들기 쉽다. 형태의 두께가 결정된다.
Under Section	헤어디자인의 길이와 아웃라인의 질감을 결정하며 목덜미에 해당하는 부분이다. 수직보다 안쪽으로 들어가는 내리막으로 모발이 거의 직선적으로 똑바로 아래로 내려오지만 골격이 안쪽으로 들어가서 단차의 폭이 잘 생기지 않고 아웃라인의 두께가 나타나며 아웃라인이 결정된다.
인테리어	좌우 프론트 사이드 포인트와 골덴포인트를 연결한 영역 유라인 영역이다.
크레스트	두상 골격의 가장 넓은 부분으로 헤어디자인의 형태와 두께를 정하는 부분이다.
엑스테리어	두상의 아랫부분으로 길이와 아웃라인을 결정하는 부분이다.
리섹션	이마와 관자놀이 사이의 곡선으로 하이, 로우, 미들로 나누기도 한다.

5. 섹션(section)

섹션이란 정확한 커트를 위해 모발을 세부적으로 나누는 행위이며 주로 가로, 세로 사선 방사선 섹션 등 4종류의 섹션을 사용한다.

종류		특징
가로 섹션 **(horizontal section)**	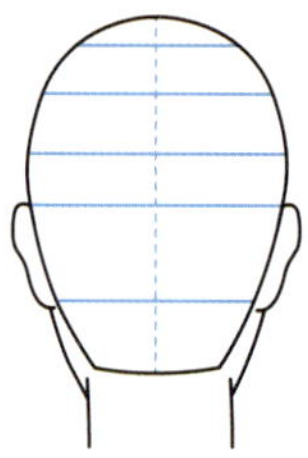	• 세로의 겹침이 무겁고 소프트해지기 쉬우며 아웃라인은 하드해지기 쉽다. • 무거움을 만들기 쉬우므로 원랭스나 그라데이션의 무게감을 커트할 때 활용하며, 리프팅 조절에 용이하다.
세로 섹션 **(vertical section)**	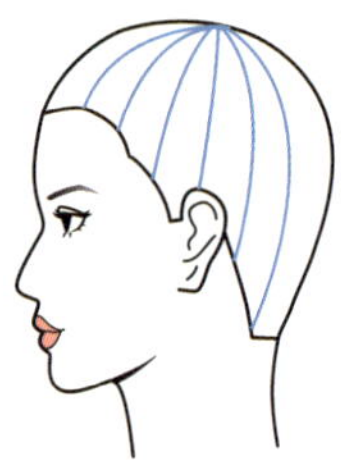	• 세로의 겹침이 가볍고 샤프해지기 쉬우며 아웃라인은 끝이 일정하지 않다. • 레이어 계열의 스타일과 가벼운 그라데이션 계열의 스타일 커트에 적합하다. • 플랫한 형태를 만들기 쉽다. • 오버다이렉션을 주기 쉽다.
사선섹션 **(diagonal section)**	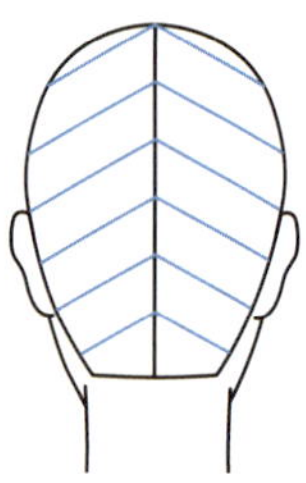 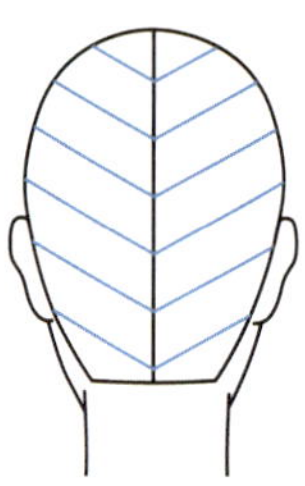	• 세로의 겹침이 가벼움과 무거움의 중간 정도의 형태를 만들기 쉽다. • 아웃라인이 일정하지 않고 그라데이션 계열의 스타일 커트에 적합하다. • 무거움과 경쾌함을 컨트롤하기 쉽다. • 레이어와 그라데이션을 컨트롤하기 쉽다. • 리프팅과 오버 다이렉션을 동시에 하기 쉽다. • 상, 하, 좌, 우 조절이 용이하다. • 가로와 세로의 장점이 있다. • 가로에 가까운 사선은 둥근 형태를 내고 싶을 때 효과적으로 사용할 수 있으며, 세로에 가까운 사선은 OD하기에 가장 쉬운 파팅이다.
방사형 섹션 **(pivot section)**	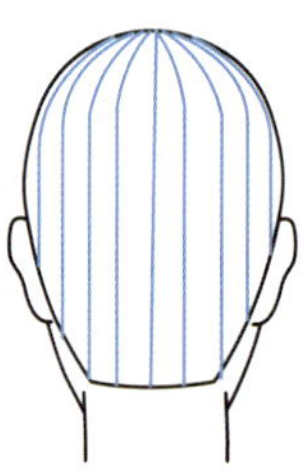	• 피봇 섹션이라고도 하며 중심점에서 방사형으로 퍼져 나누는 파팅 패턴으로 두상 곡면에 적합하다. • 크라운 둘레의 커트를 쉽게 할 수 있게 해주고 삼각섹션이 생긴다.

출처: 교육부(2015), 헤어커트 디자인(LM1201010105_14v2, LM1201010106_14v2), p.22

6. 분배(distribution)

분배는 베이스 파팅에 대하여 모발이 빗겨지는 방향을 말한다.

1) 자연 분배 (Natural Distribution)

자연 분배는 모발이 두상에서 자연스럽게 떨어지는 그대로의 방향을 의미한다. 중력과 자연 모발 성장 패턴이 이 방향에 (특히 크레스트 부위에서) 어느 정도 영향을 주게 된다.

자연 분배는 수평, 좌대각 그리고 우대각 파팅 그리고 기본적으로 원랭스형과 그래쥬에이션형을 만드는데 사용된다.

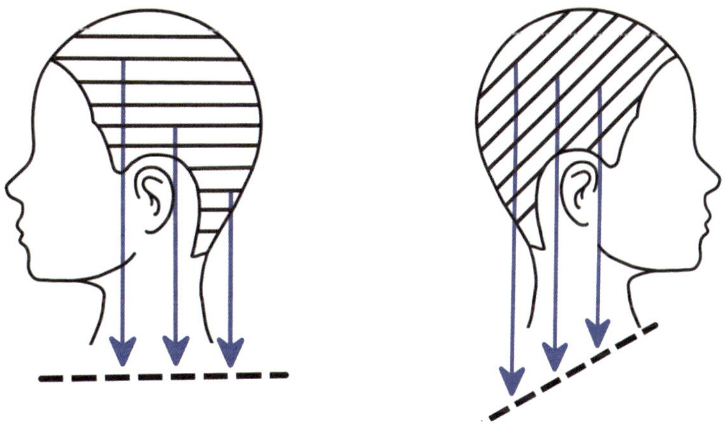

2) 직각 분배 (Perpendicular Distribution)

이는 머리가 베이스 파팅에서 90° 또는 직각으로 빗어질 때의 방향을 말한다.

직각 분배는 수평, 대각 그리고 수직 파팅에서 사용된다.

직각 분배는 모발이 자연 시술각 상태에서 벗어나게 되므로, 기본적으로 그래쥬에이션형이나 레이어형에 사용된다.

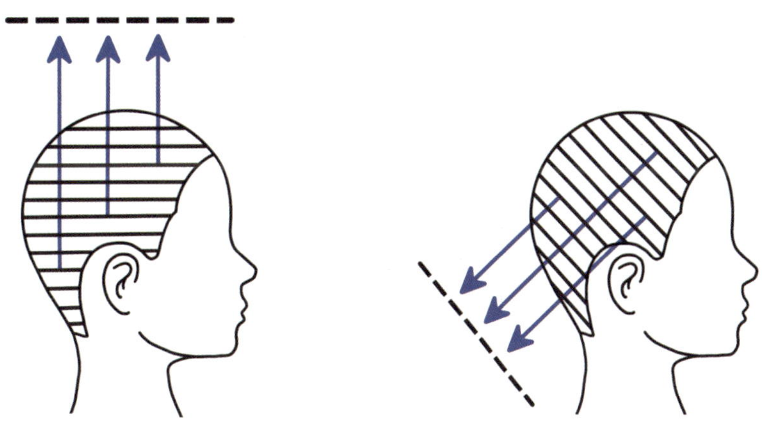

3) 변이 분배 (Shifted Distribution)

이는 모발이 베이스 파팅에서 직각 분배나 자연 분배 이외의 다른 방향으로 빗질될 때를 의미한다. 변이 분배는 원랭스형을 제외한 대부분의 형에서 사용된다.

이 분배는 일반적으로 급격한 길이차를 보이거나 각 부분들간의 길이를 연결할 때 사용된다.

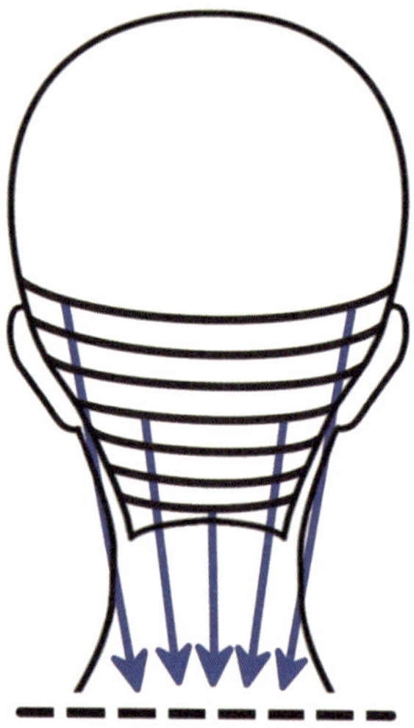

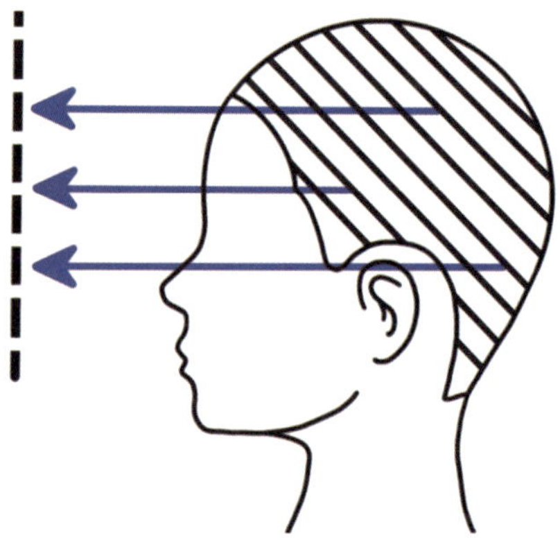

4) 방향 분배 (Directional Distribution)

어떤 디자인을 만들어내기 위해서는 베이스 파팅의 한 부분에서 다음으로 넘어갈 때 분배의 방향이 바뀔 수 있다.

일관성을 유지하기 위해 천체축의 선들이 분배 방향을 시각적으로 측정하는데 사용된다.

모발이 수직, 수평 그리고 대각으로 분배될 수 있다.

예를 들어 한 부분에서는 모발을 바탕으로 수직으로 위로 똑바로 하거나 다른 부분에서 수평으로 뒤로 똑바로 분배할 수 있다.

이러한 분배는 두상의 곡면으로 인해 길이가 길어지는 결과를 가져오는데 종종 평평한 면을 따라 커트할 때 사용된다.

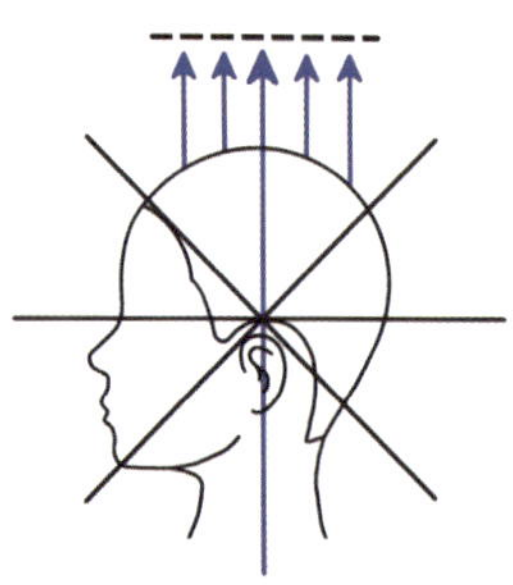

수직으로 위로 똑바로

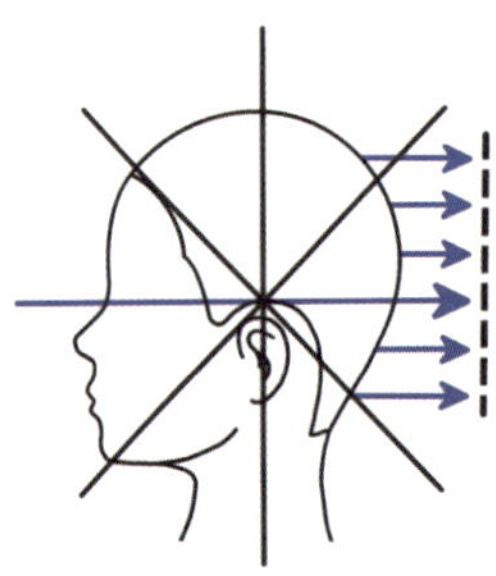

수평으로 뒤로 똑바로

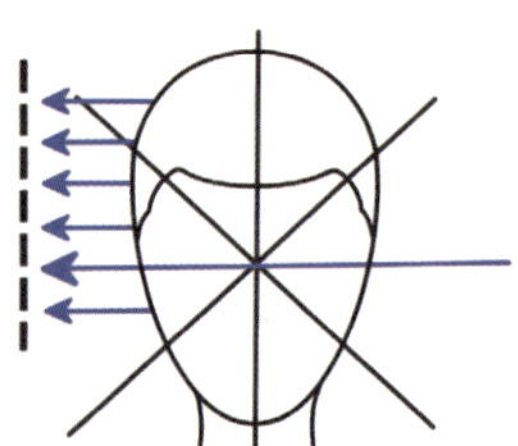

수평으로 바깥쪽으로 똑바로

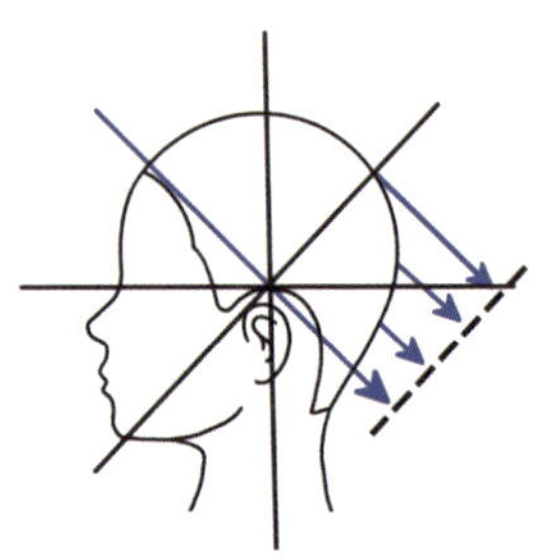

대각으로 아래쪽으로 똑바로

7. 커트의 상하좌우의 개념

1) 리프팅과 베이스의 특징

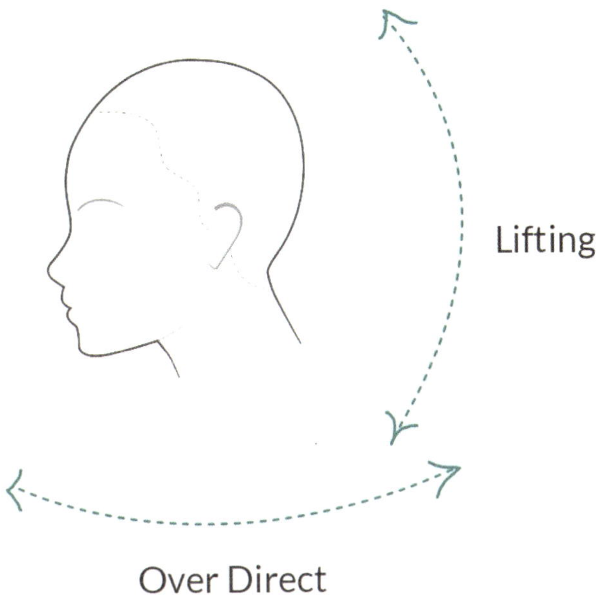

베이스	헤어커트를 위해 잡은 모발 다발(panel)의 당김새를 말한다. 선덱힌 베이스의 종류에 따라 모발 길이와 형태 및 형태 선의 변화에 영향을 주며, 헤어커트에서 가장 기본이면서 커트 스타일의 실루엣에 결정적인 역할을 한다. 따라서 베이스의 종류에 따른 당김새의 길이 변화를 이해하고 알아야 정확한 커트 스타일을 완성할 수 있다. 커트하는 방향이 가로이거나 세로일 때 베이스의 명칭이 달라지며, 커트 방향이 가로, 세로, 사선일 때 당김새가 달라진다.
리프팅	두상 골격의 경사면을 따라 모발의 상하길이의 단차를 올리거나 내리기도하여 패널을 겹쳐서 웨이트를 컨트롤하는 방법으로 상하 각도를 조절하여 그라데이션과 레이어로 표현하는 방법을 리프팅이라고 한다.

온 베이스 (O)	자기 자리에서 커트하는 방법으로 같은 길이로 만드는 것
오버 다이렉션 (OD)	패널을 앞, 뒤 어느 쪽으로 끌어내어 좌, 우 컨트롤하는 것이다.
리프트 업	가이드보다 들어 올려 경쾌함이 생겨난다.
리프트 다운	앞 패널보다 똑같이 또는 내리는 것으로 가이드보다 낮게 커트하여 무거움이 생겨난다.

8. 시술각

1) 일반 시술각(두상각 기준)

모발을 두상의 곡면에서 90°로 들어 올린 상태로서 디자인의 길이 배열을 분석할 수 있다.

2) 자연 시술각(천체축 기준)

중력에 의해 모발이 자연스럽게 늘어뜨려지는 상태(원랭스/그라데이션)

<table>
<tr><th>자연각</th><th>두상각</th></tr>
<tr><td>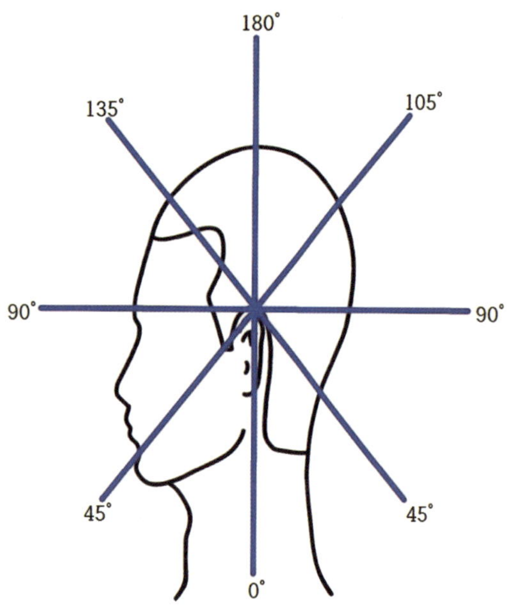
</td><td>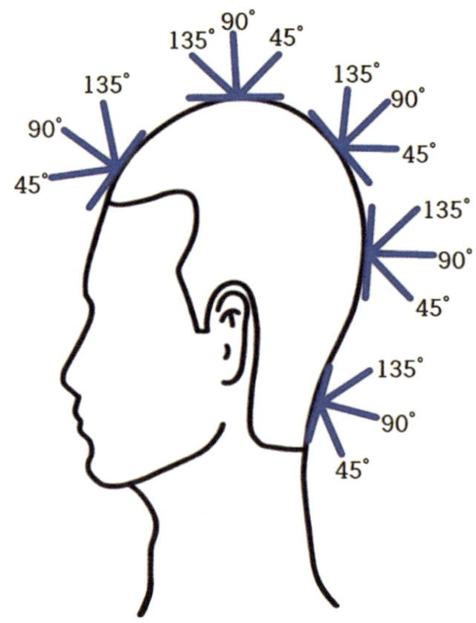
</td></tr>
</table>

9. 베이스(base)

헤어커트를 위해 잡은 모발 다발(panel)의 당김새를 말한다.

선택한 베이스의 종류에 따라 모발 길이와 형태 및 형태 선의 변화에 영향을 주며, 헤어커트에서 가장 기본이면서 커트 스타일의 실루엣에 결정적인 역할을 한다. 따라서 베이스의 종류에 따른 당김새의 길이 변화를 이해하고 알아야 정확한 커트 스타일을 완성할 수 있다.

커트하는 방향이 가로이거나 세로일 때 베이스의 명칭이 달라지며, 커트 방향이 가로, 세로, 사선일 때 생김새가 달라진다.

1) 온 더 베이스(on the base)

- 커트 시 가장 기본이 되는 방법으로 베이스 중심이 90°가 되도록 스트랜드를 잡는 방법이다.
- 시술자의 위치는 커트 선 중심에 서 있으며 커트 선을 가슴 쪽으로 끌어 오며 커트를 하고 커트 선이 움직이는 방향에 따라 시술자의 위치도 이동한다.
- 온 더 베이스로 커트할 경우 동일한 길이로 커트가 되어 둥근(round) 형태를 만들어 낸다.
- 두상의 형태가 그대로 표현된다.

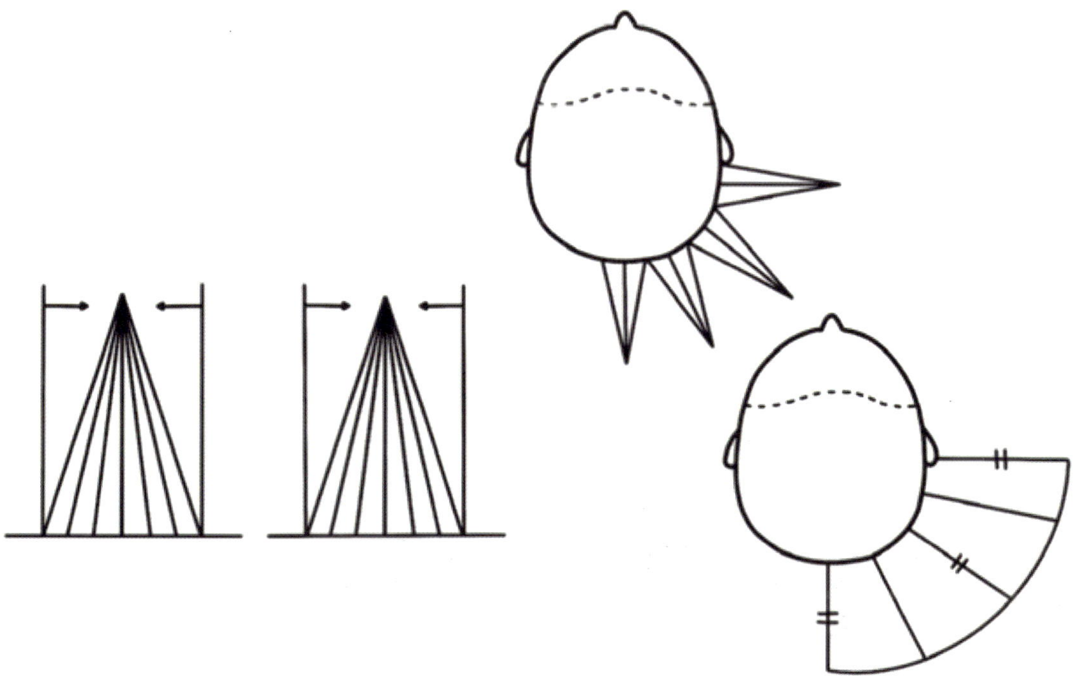

2) 사이드 베이스(side base)

- 스트랜드의 한쪽 면이 직각(90°)이 되도록 스트랜드를 잡아 끌어당기는 방법으로 한쪽 면의 모발 길이가 점점 길어지거나 짧아지게 된다.
- 한쪽 변이 90°가 되기 위해서는 반대쪽 모발의 이동거리가 더 길어지므로 파팅을 모아준 반대방향의 길이가 길어진다.
- 파팅의 양에 따라 길이의 감소 또는 증가를 조절할 수 있다.
- 정중선을 중심으로 사이드 베이스로 커트할 경우 사각(square) 형태를 만들어 낸다.

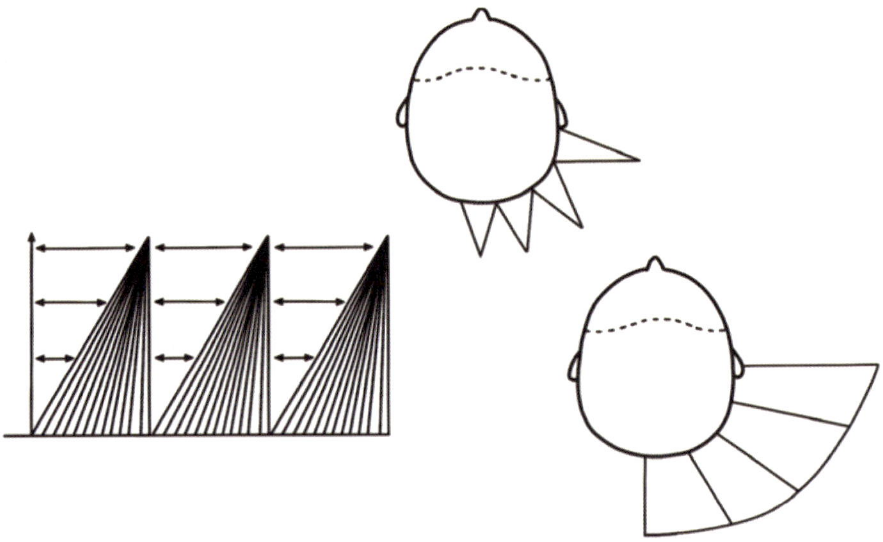

3) 오프 더 베이스(off the base)

- 스트랜드의 한쪽 면이 사이드 베이스를 넘겨 급격한 길이 변화를 주고자 할 때 사용한다.
- 오프 더 베이스로 커트할 경우 삼각(triangular, A-라인) 형태를 만들어 낸다.

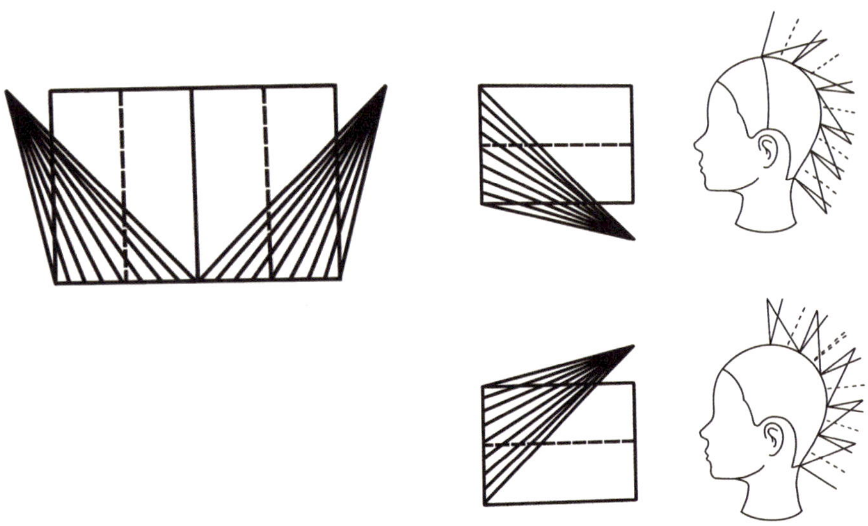

4) 프리 베이스(free base)

- 베이스의 2/3 지점으로 모발 단을 모아 커트하는 방법이다.
- 길이가 한쪽이 점점 짧아지거나 점점 길어지게 표현할 때 사용한다.

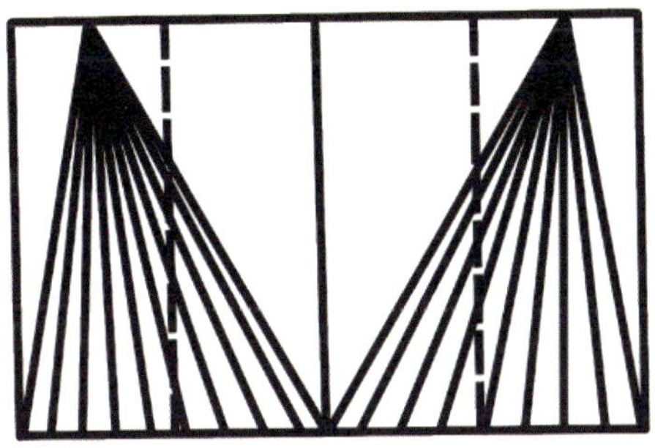

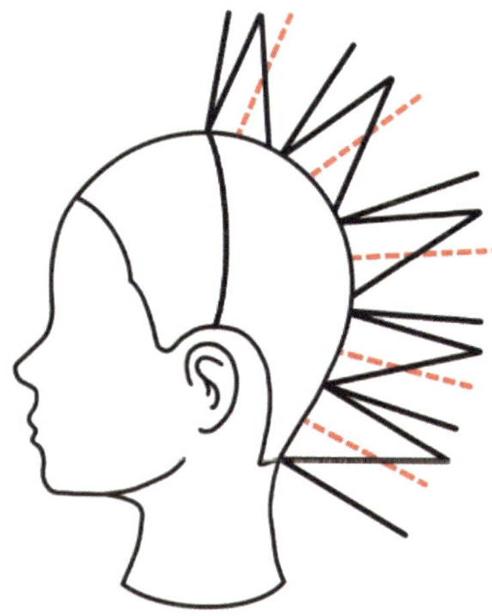

5) 트위스트 베이스(twist base)

- 베이스의 모발단을 비틀어 커트하는 방법이다. 길이와 형태선의 급격한 변화를 표현할 때 사용한다.

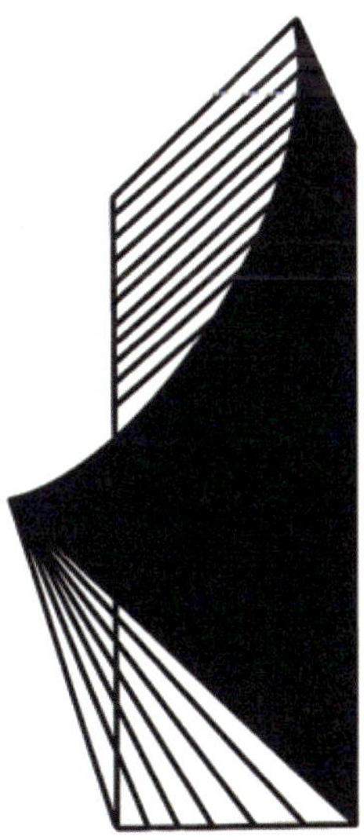

6) 오버 다이렉션(Over Direction)

- 온 베이스 이외의 베이스를 오버 다이렉션이라고 하며 패널을 앞, 뒤 어느 쪽으로 끌어내어 좌, 우 컨트롤할 때 사용한다.

10. 가이드라인(Guide Line)

1) 고정 가이드라인(Stationary Guide Line)

가이드 라인이 이동하지 않으며, 반대편의 길이의 증가를 원할 때 사용한다.

예 원랭스, 인크리스 레이어 등

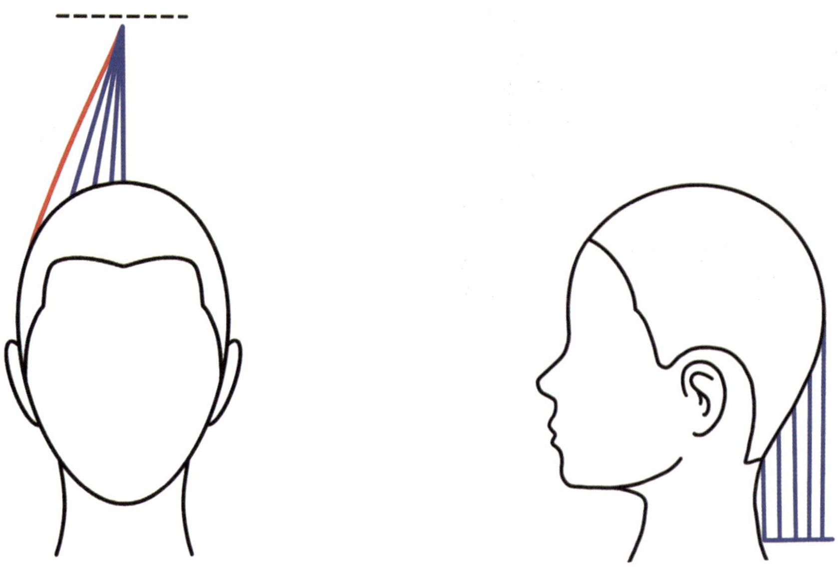

2) 이동 가이드 라인(Mobile Guide Line)

이동하는 가이드 라인으로 이전 커트의 일부분을 다음 커트할 섹션의 길이 가이드로 사용한다.

예 레이어, 그래쥬에이션 등

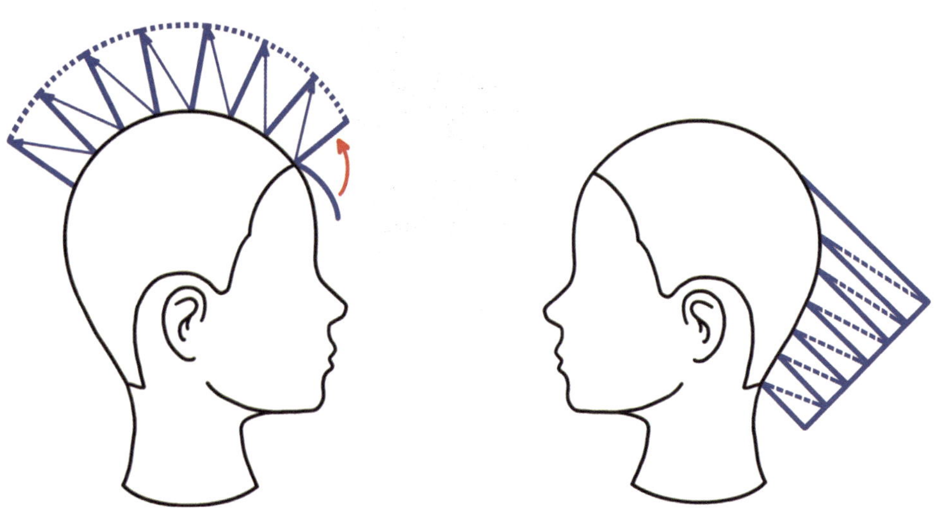

11. 손가락/가위 위치(Finger / Shear Position)

손가락 위치란 베이스 파팅에 대한 손가락의 위치를 말한다. 이 위치는 커트된 라인을 만드는 데 사용된다.

손가락과 가위 위치에는 두 가지가 있는데 평행과 비평행이 있다.

1) 평행 손가락 위치(Parallel Finger Position)

여기서, 모발을 조절하는 손가락은 베이스 파팅에 평행하게 놓여진다. 가위가 손가락을 따르기 때문에 평행 커트로도 알려져 있다. 이런 방식으로 커트하면 의도한 선을 가장 완벽하게 만들 수 있다.

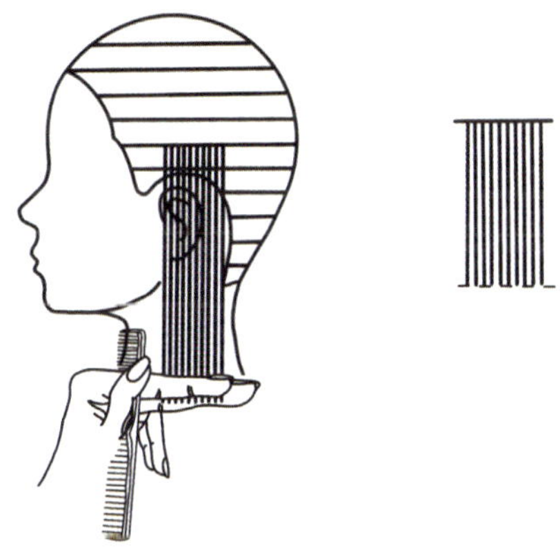

2) 비평행 손가락 위치(Nonparallel Finger Position)

베이스 파팅에 대해 손가락을 비평행하게 놓는 것을 비평행 커트라고 부른다.

이 위치는 과장된 길이의 증가를 만들고, 대조되는 길이를 연결시키고 무게감의 형성을 조절하는데 사용된다.

어떠한 손가락 위치가 사용되든지 간에, 특정 부분을 커트하는 동안 일반적으로 일관되게 유지된다.

손가락은 디자인 라인이 보이도록 놓여진다.

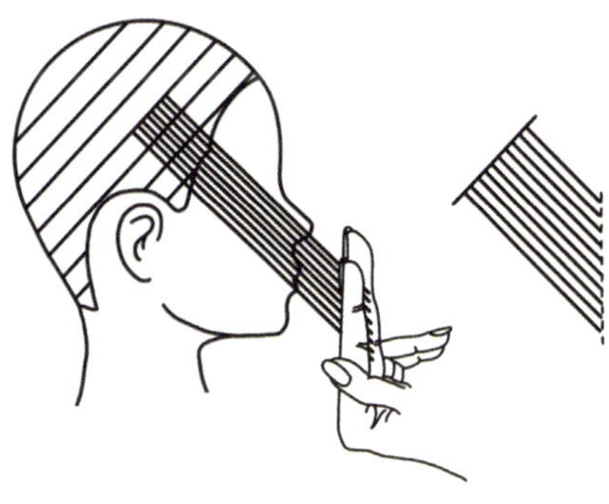

12. 두상 부위별 커트 종류 구분하기

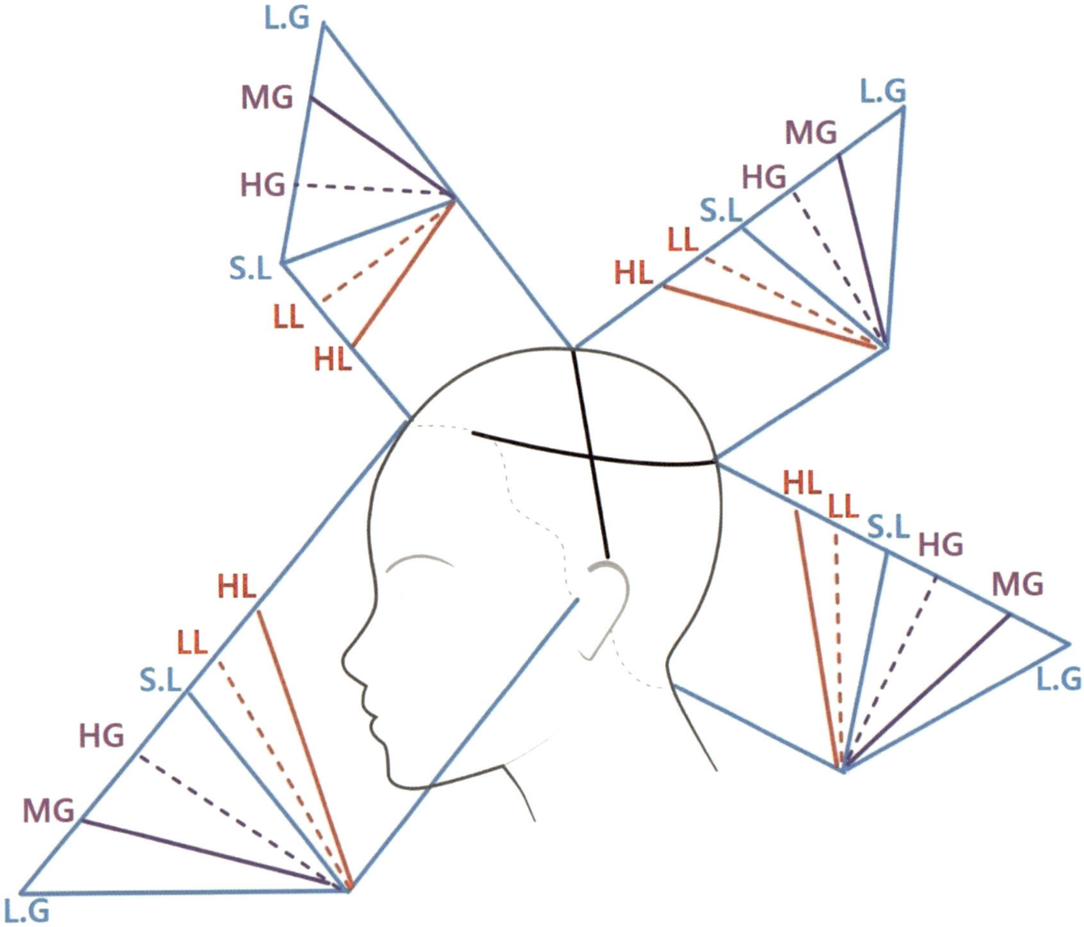

- 로우 그래쥬에이션(LG)
- 미디움 그래쥬에이션(MG)
- 하이 그래쥬에이션(HG)
- 유니폼(세임) 레이어(SL)
- 로우 레이어(LL)
- 하이 레이어(HL)

13. 아웃라인(Out Line)

1) 수평라인(Horizontal Line)

기울이지 않고 평평한 상태로 동일선상에 떨어지는 라인

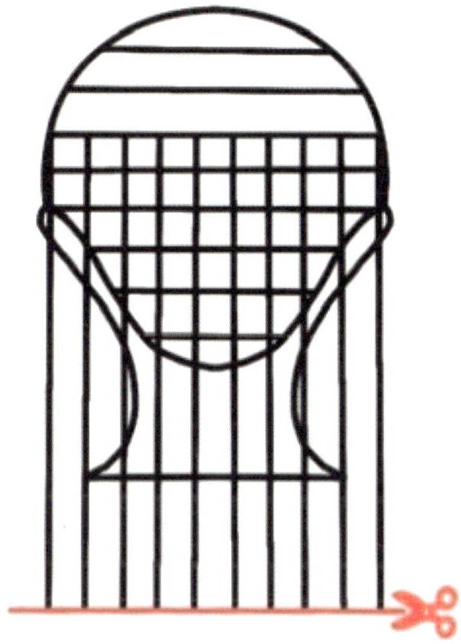

2) 우대각 라인(Diaconal Right Line) : 오른쪽으로 향하는 대각선

3) 좌대각 라인(Diaconal Left Line) : 왼쪽으로 향하는 대각선

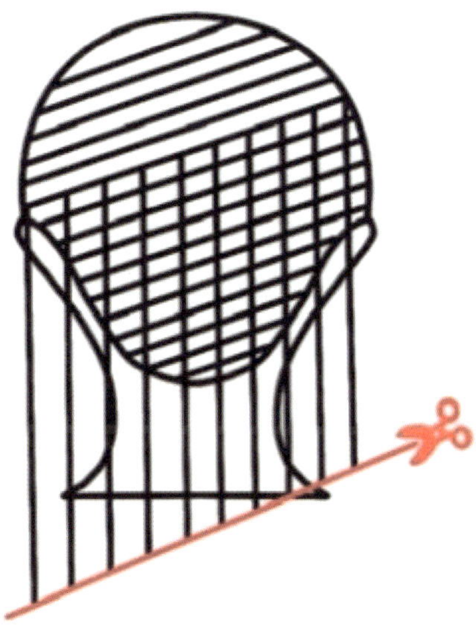

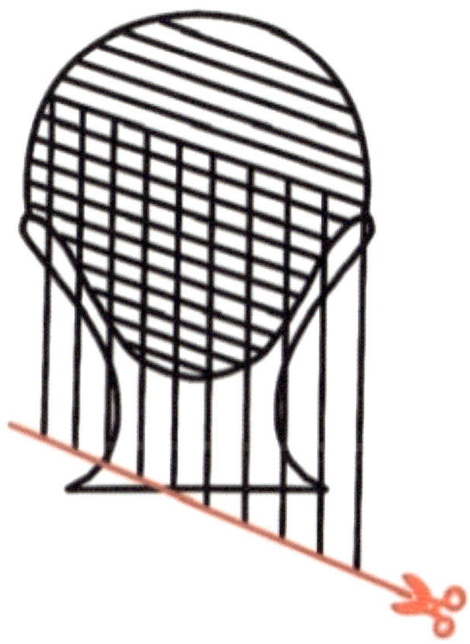

4) 전대각 : 얼굴을 향하는 대각선

5) 후대각 : 백쪽으로 향하는 대각선

6) 컨케이브 라인(Concave Line)

컨케이브 라인은 반구의 내부처럼 안쪽으로 휘어 있다.

7) 컨벡스 라인(Convex Line)

컨벡스 라인은 반구의 외부처럼 바깥으로 휘어 있다.

컨케이브(오목곡선)

컨벡스(볼록곡선)

14. 커트 도구와 기구의 종류 및 기법

1) 가위(scissors, shear)의 종류 및 기법

가위는 손가락의 연장선으로서 이·미용사가 의도하는 디자인에 따라 자유자재로 움직이며 불필요한 모량을 제거한다.

(1) 가위의 구조

가위는 지렛대의 원리로 만들어진 도구로서 가위 끝, 날 끝, 동인, 정인, 다리, 회전축, 엄지환, 약지환, 소지 걸이 등으로 이루어졌다.

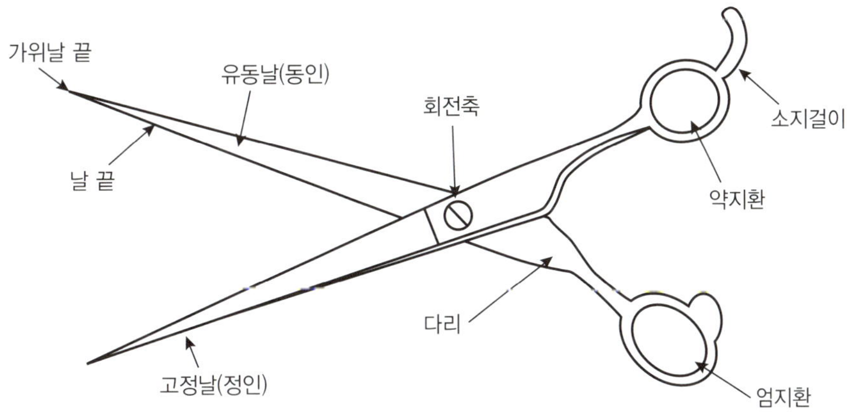

2) 가위 잡는 법

(1) 기본 가위 잡는[개폐] 법

약지환에 약지를 넣어 소지 걸이에 소지를 얹은 후 가위 끝이 작업자 쪽으로 사선이 될 수 있도록 위치시켜 엄지환에 엄지 완충 면을 살짝 걸쳐 넣는다. 이때 검지와 소지를 안으로 굽혀 주어 가위를 개폐할 때 가위 끝이 검지의 두 관절보다 밖으로 빠져나가지 않도록 한다.

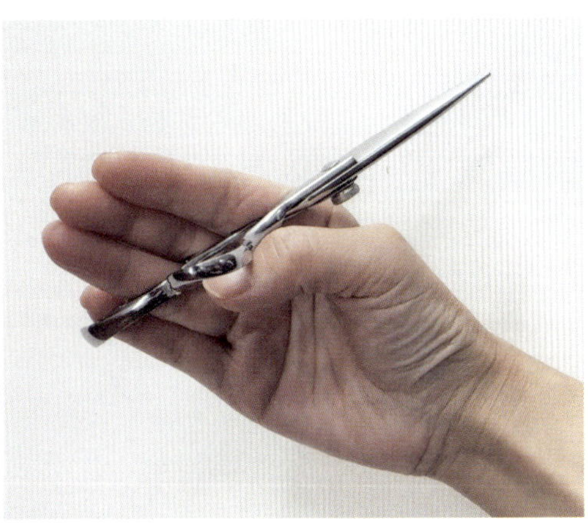

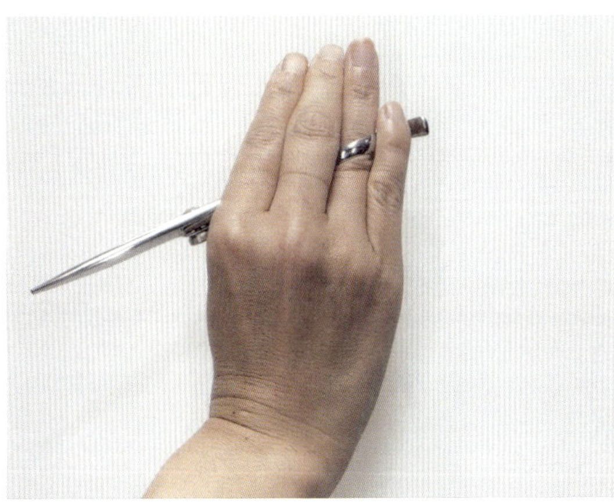

(2) 지간 가위 잡는[개폐] 법

기본 가위 잡는 방법에서 약지와 소지의 관절을 굽혀 검지를 피봇 나사 위에 위치시킨다. 이때 엄지는 'ㄷ'자 모양으로 구부려 엄지환에 손가락 완충 면을 살짝 걸쳐 주기만 한다.

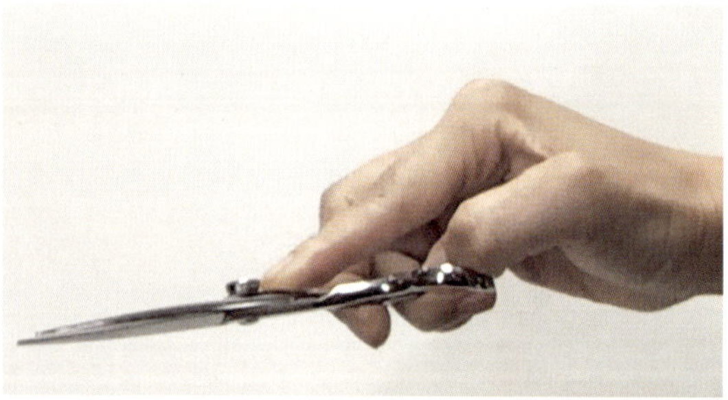

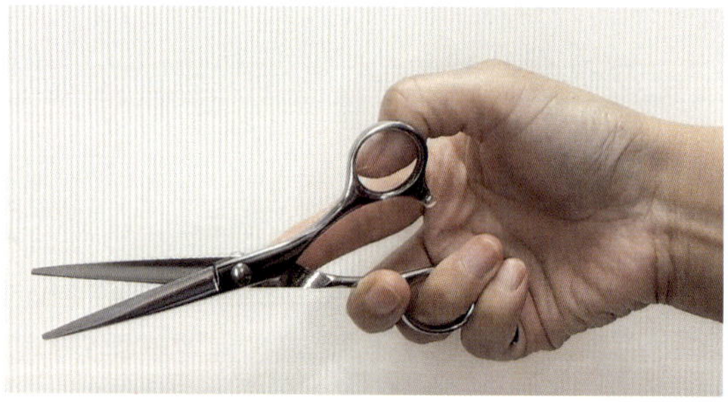

3) 가위의 종류

사용 목적에 따라 주로 길이를 자를 때 사용하는 블런트 가위와 모량을 조절하는 틴닝 가위로 구분할 수 있으며 재질에 따라 착강 가위와 전강 가위로 나눌 수 있다.

(1) 블런트 가위

블런트 가위는 4.5인치, 5인치. 5.5인치, 6인치, 6.5인치, 7인치 등 가위의 총길이에 따라 구분한다. 주로 총길이가 6.5인치 이상인 장가위를 조발 가위라 하며, 이는 떠내 깎기와 연속 깎기 등 시저스 오버콤 기법에서 사용된다. 단발 가위는 4.5~5.5인치의 길이를 사용하며 손가락의 연장선으로 주로 지간 깎기 시 사용한다.

구분			특징
종류	블런트 가위	조발(調髮) 가위	가위 중심부에서 앞날 쪽은 길고 뒤쪽 날은 짧다. 가위 날 판의 부피에 따라 3~4mm 정도로 넓게 갈아서 사용한다. 보통 조발과 특수 조발에 공통으로 사용한다.
		단발(短髮) 가위	가위 중심부에서 앞쪽이 뒤쪽보다 약간 짧다. 가위 날 판의 부피가 두꺼우며, 가윗날의 넓이는 2.3~3mm 정도로 좁게 갈아서 사용한다. 길고 강한 모발이나 솔리드형에 주로 사용한다.
	틴닝가위		결 치기 또는 숱 치기 가위로서 모량을 제거시켜 주면서 자연스러운 헤어 연출을 할 수 있다.
재질	착강 가위		가윗날 협신부는 특수 강철이며 몸체는 연질 강철로 이루어졌다.
	전강 가위		가윗날과 몸체 전체가 특수강철로 이루어졌다.

출처 : 교육부(2016). 이발(LM1201010517_62v2, LM1201010518_16v2, LM1201010519_16v2, LM1201010520_16v2, LM1201010550_16v1). 한국직업능력개발원.

4) 가위 선택 방법

(1) 협신 : 날 끝으로 갈수록 자연스럽게 약간 내 곡선 상으로 된 것이 좋다.

(2) 날의 두께 : 가위 날은 얇고 잠금 나사 부분이 강한 것이 좋다.

(3) 날의 견고성 : 양날의 견고함이 동일해야 하며 견고함이 다를 경우 부드러운 쪽 날에 상한 자국이 남는다.

(4) 기타 : 도금된 것은 피한다[강철의 질이 좋지 않다]. 선회축인 잠금 나사가 느슨하지 않아야 한다. 날, 기타 부분이 손상되지 않은 것을 선택한다. 손가락 넣는 구멍은 적합해야 하며 사용 시 조작하기 쉬운 것을 선택해야 한다.

5) 가위 커트 테크닉 종류

(1) 블런트 커트(Blunt cut) : 모발과 가위가 90°를 만들어 자르는 테크닉. 커트라인이 강하고 정교하게 잘려진 형태로 깨끗한 라인을 만들 때 사용된다.

(2) 나칭 커트(Naching cut) : 모발과 가위가 45° 각도를 유지하며 커트하는 테크닉. 커트 라인의 불규칙한 형태를 만들어 내며 약간의 블런트한 느낌을 없애주며 자연스러운 라인이 형성된다.

(3) 콤 커트(Com cut) : 빗살로 모발을 고정하여 최소한의 텐션으로 커트, 사이드 커트시 사용한다.

(4) 블록 커트(Block cut) : 모량이 적은 사람 혹은 빠른 시간 내 커트를 끝내고자 할 때 많은 양의 모발을 한꺼번에 커트하는 방식이다.

(5) 슬라이드 커트(Slide cut) : 자연스럽게 흐르는 선을 만들기 위한 커트로 모다발을 잡고 위에서 아래로 미끄러지게 연결하는 커트이다.

15. 헤어커트 기법 종류

1) 가위 기법의 종류

(1) 블런트 커트(Blunt cut)

모발을 직선으로 자르는 커트 기법으로 모발 끝이 일률적으로 반듯하게 잘리며 무게감이 있는 커트 선을 만들기 용이하며 모발 손상이 적고 잘린 부분이 명확하며 모발에 힘이 있다.

일반적으로 일반 가위를 사용하며 바깥 자르기와 안쪽 자르기 기법이 있으며 손을 사용하지 않고 커트하는 콤 컨트롤, 프리핸드 기법으로 나누어진다.

◆ 바깥 자르기 기법(1번 가위질)

모발을 손가락으로 끼운 후 손바닥을 뒤집듯이하여 커트하는 방법(정인이 손가락 위에). 바깥쪽의 모발이 안쪽보다 짧아지므로 바깥으로 뻗치기 쉬워진다.

◆ 안쪽 자르기 기법(2번 가위질)

모발을 손가락으로 끼운 후 손바닥을 아래로 하여 잡고 가위를 안쪽부터 사선으로 넣어 Cut하는 방법(동인이 안쪽이 되어 Cut). 안쪽 모발이 바깥쪽보다 짧아지므로 안 말기가 되기 쉽다.

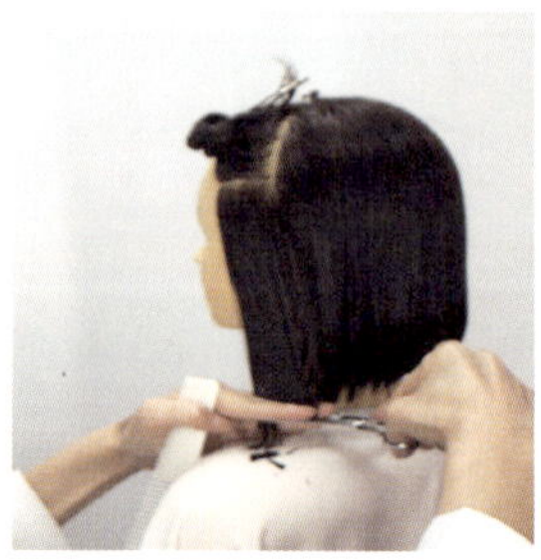

◆ 콤 컨트롤(comb control)

원랭스 커트 시 아웃라인을 가장 예쁘게 자르는 방법으로 커트 시 손으로 모발을 잡지 않고 자르는 빗으로 모발을 누르고 빗을 따라 커트하는 기법으로 최소한의 텐션이 들어간다. 모발이 자연스럽게 내려오는 위치에서 커트하므로 라인이 꺾이지 않고 아웃라인의 형태선이 완성된다.

◆ 프리 핸드(free hands)

모발에 빗과 손을 대지 않고 디자인 라인을 커트하는 기법이다.

(2) 나칭(Notching cut)

가위의 각도를 45°가 되도록 비스듬히 커트하는 기법으로 아웃라인이 삼각형의 연속적인 톱니바퀴 모양이 된다.

커트 후 아웃라인이 자연스러운 느낌을 낼 수 있다. 포인트 기법이라고도 한다.

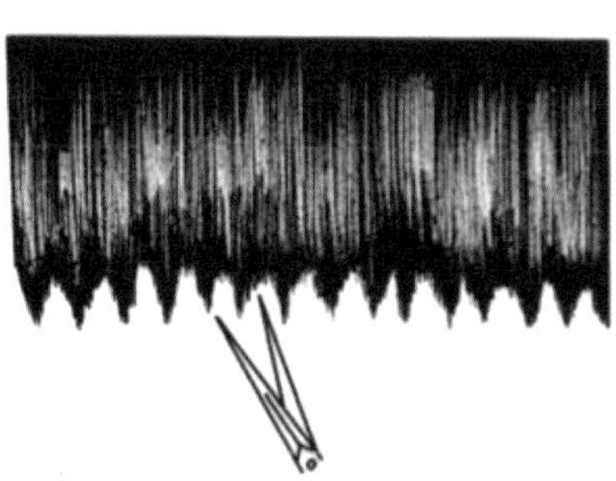

(3) 트위스트 커트(Twist Cut)

모발 다발을 꼬아서 외곽만 커트하는 기법으로 모량이 뭉쳐있는 부분에 사용하고 브릭 커트와 같이 모량을 제거하고 싶은 곳에 모량이 제거되는 길이를 자유롭게 설정할 수 있다. 하지만 꼬인 모발의 커트하는 깊이에 따라 제거되는 모량이 달라지고 깊이 잘랐을 때 모발의 길이가 모두 잘려나갈 수 있으므로 주의해야 한다.

(4) 크로스 체크(Cross check)

원래 파팅 라인에서 반대 라인으로 정확도를 기하기 위해 체크하는 방법이다. 원래 파팅 라인에서 십자형이 되도록 파팅한다.

(5) 슬라이드 커트(slide cut)

머리를 수직으로 커트하기 위해 가위를 머리 가닥을 따라 미끄러뜨려 사용하는 커팅 기법으로 머리 길이 차를 급격히 할 필요가 있을 때 사용한다.

C자형의 곡선형 커트 테크닉으로 날을 1/3 정도 벌린 채 모발을 넣어 가위가 미끄러지면서 원을 그리듯이 커트하는 기법으로 불규칙한 움직임이나 가벼운 이미지를 표현할 때 사용된다. 컬이 있는 스타일에서는 더 많은 운동감과 확장감을 가지며 레저 효과를 나타내기도 하고 슬리더링(slithering))이라고도 한다.

마른모발에 작업도 가능하지만 모발 손상의 방지를 위해 젖은 모발에 행하는 것이 용이하다.

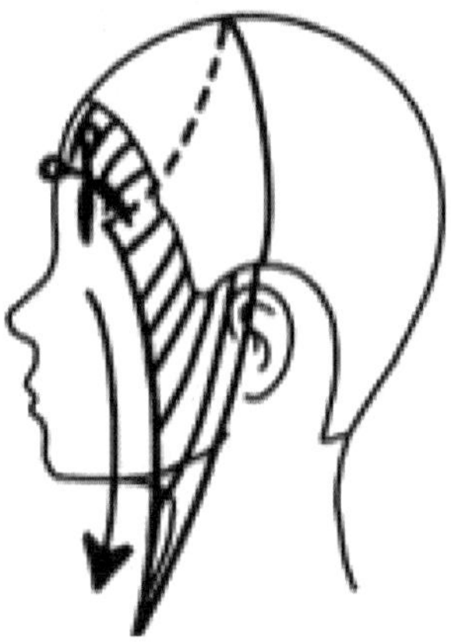

(6) 전환레이어링 기법: 어느 한면으로 집중하여 커트하는 기법

(7) 평면커트 기법: 어느 한면을 평편하게 커트하는 기법

2) 레저 테크닉(Razor technique)

(1) 레져 에칭(razor etching)

두발의 길이와 무게감을 줄이기 위하여 표면을 커트하는 방법으로 스트랜드의 옆쪽 또는 스트랜드의 겉면에서 커트해 간다. 모발 위쪽에 레져를 두고, 모발을 쳐내듯이 밑으로 밀어 커트하는 기법이다.

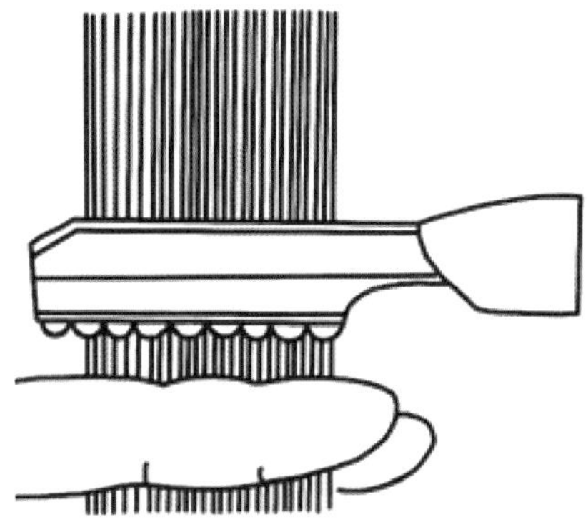

(2) 레져 아킹(arching)

모발 안쪽에 레져를 두고 반원형을 그리며 아크를 그리듯 스트랜드를 위로 올리며 커트하는 동작이다. 이 기법은 머리 모서리 부분을 부드럽게 테이퍼하여 정확한 라인을 만들어 준다.

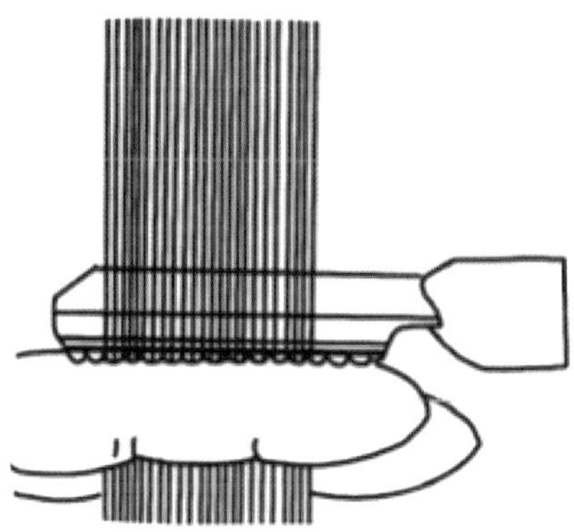

(3) 레져 필링(pilling)

크라운과 탑의 모발 끝에 레져를 감자 깎듯이 뜯어내며 커트하는 기법이다.

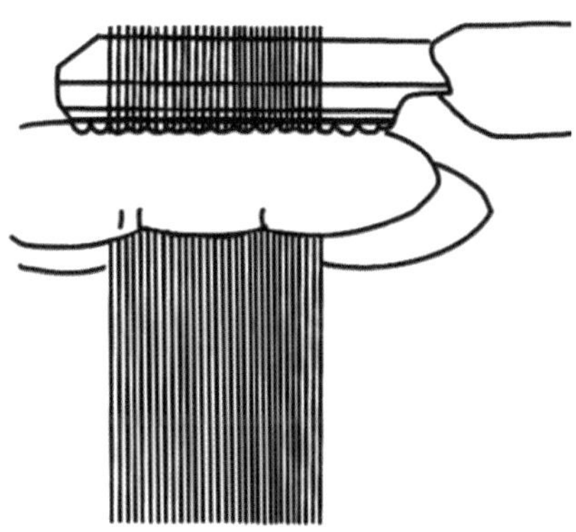

16. 질감 기법

모발의 길이를 유지하면서 두상의 골격 보정이나 커트 스타일의 완성도를 높이면서 표면 이미지를 만들기 위하여 실루엣의 시각적, 촉각적 느낌을 살리는 모발감소 작업으로 움직임과 볼륨감, 무게감, 입체감을 조절하기 위해 다양한 도구를 적절하게 사용한다. 도구는 커트 가위, 틴닝 가위, 레이저를 이용하여 질감 처리를 한다.

가위를 사용하여 질감 처리를 하는 방법은 슬리더링(slithering), 스트록 커트(stroke cut), 슬라이싱(slicing), 슬라이드 커트(slide cut), 나칭 커트(notching cut), 포인트 커트(point cut), 브릭 커트(brick cut) 등이 있다.

틴닝 가위를 사용하여 질감 처리를 하는 방법은 루트 틴닝(rots thining), 이너 틴닝(iner thining), 라인 틴닝(line thining)으로 구분된다.

레이저를 사용하여 질감 처리를 하는 방법은 베벨-업 기법, 베벨-언더 기법, 레자회전 기법 등으로 구분된다.

질감처리는 테이퍼링이라고도 불리며 크게 3가지로 구분된다.

앤드 테이퍼링 (And thinning)	모발의 1/3 부분, 모발 끝을 가볍게 해서 부피감은 줄고 생동감이 생기며 무게선을 부드럽게 하며 자연스럽게 연결해준다.	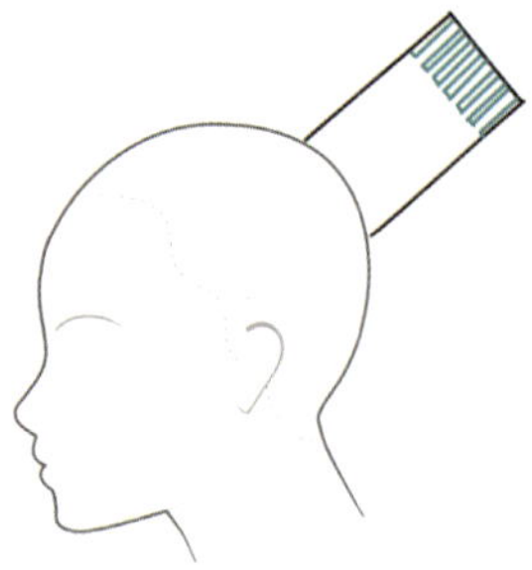	포인팅 기법, 스트록 기법, 세임 틴닝, 라인 틴닝 기법, 베벨-언더 기법, 레자회전 기법 등이 있다.
노멀 테이퍼링 (Nonal thinning)	모발의 1/2 부분의 숱을 쳐내 부피감을 줄이고 모발이 두상에 평평하게 붙도록 하며 커트 골격에 들어간 부분에 볼륨감을 주고 움직임을 살린다.	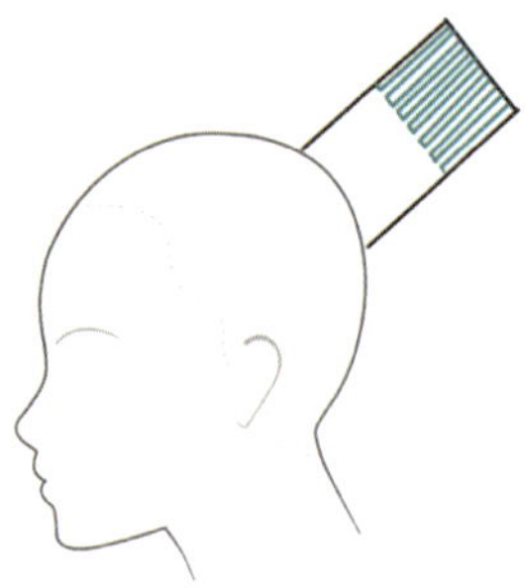	슬라이싱 기법, 스트록 기법, 슬라이드 기법, 이너 틴닝 기법, 세임 틴닝, 레자회전 기법 등이 있다.
딥테이퍼링 (Deep thinning)	보통 베이스 근처나 2/3 부분, 모근쪽에 사용되어 확장이나 볼륨감, 모류조절이나 모류각도가 들떠 있을 때 사용하며 모발이 두상의 표면에서부터 들려지게 한다. 짧은 머리는 긴 머리를 받쳐준다.	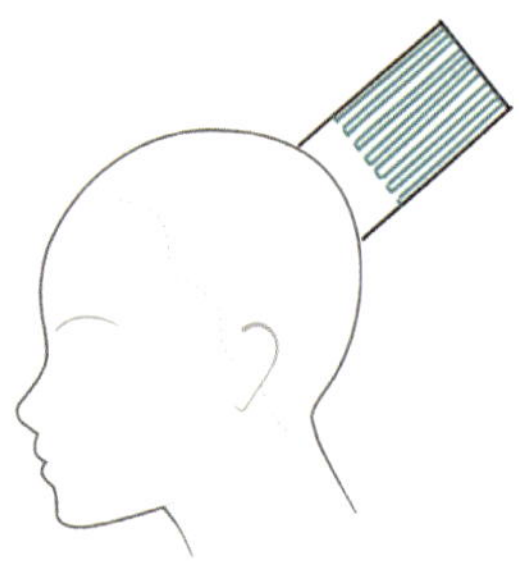	스트록 기법, 슬라이드 기법, 슬라이싱 기법, 루트 틴닝, 세임 틴닝 기법 등이 있다.

1) 가위 질감 기법의 종류

(1) 포인팅 기법(pointing)

모발 끝에서 스트랜드를 잡고 가위를 세로로 넣어 질감 처리하는 기법으로 모발 끝 자유로운 움직임을 표현하기 위해 가위를 이용하는 테크닉이다. 가위가 들어가는 깊이와 횟수에 따라 질감이 달라진다. 드라이가 끝난 다음 마무리 기법에서 주로 사용한다.

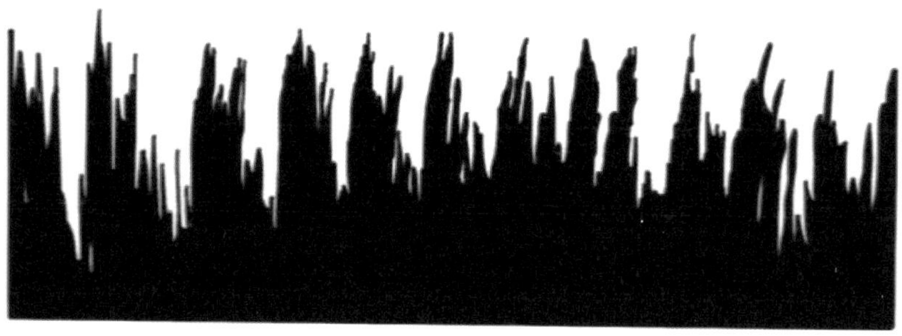

(2) 딥 포인팅(Deep pointing)

포인팅보다 가위를 깊이 넣어 모량을 제거하는 기법으로 드라이가 끝난 다음 마무리 기법에서 주로 사용한다.

(3) 슬라이싱(slicing)

머리다발을 왼손으로 잡고 모발 끝이 흩어지는 느낌을 연출하기 위한 테크닉으로 scissors가 모발 끝을 향해 미끄러지듯이 밀어 쳐내는 기법으로 머리 질감을 만드는 기법이다.

가위의 벌린 정도에 따라 모발 끝부분에 길고 짧은 단차를 주고 또한 불규칙한 움직임이나 가벼운 이미지 연출하고자 할 때 사용된다.

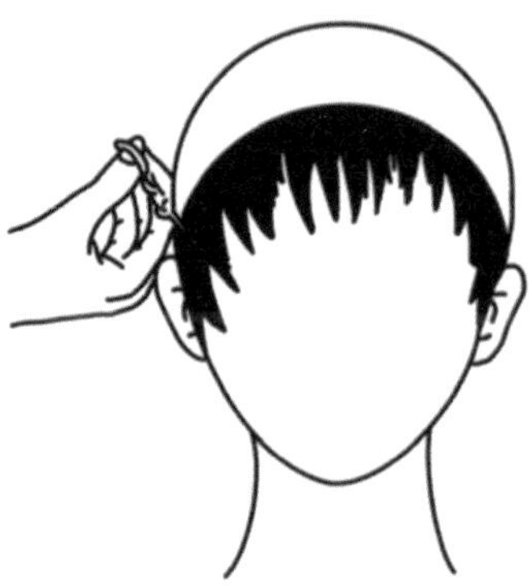

(4) 스트록 컷(Stroke Cut)

가위를 사용하여 모발 단면이 잘려나가는 테이퍼링(tapering) 효과를 줄 수 있는 커트 테크닉이다. 스트랜드를 잡고 모발 끝에서 모근 쪽으로 커트하거나 왼쪽에서 오른쪽으로 커트하는 등 방향에 따른 다운 스트록(down stroke), 업 스트록(up stroke)이 있다. 가위를 개폐하면서 커트해나가는데 모근으로부터 멀리 가위를 끌어당기면서 다시 여는 동작을 반복하여 커트한다. 스트록 컷을 하는 동안에는 가위를 조금씩 닫으면서 커트하며 너무 많이 닫으면 가위가 닫히는 양만큼 모발이 제거되므로 주의한다.

① **쇼트 스트록(Short stroke) :** 가위의 각도가 0~10° 정도의 움직임으로 쳐내는 방법이다. 스트록되는 양이 적어 모발의 길이를 짧게 하지 않으면서 전체적으로 두발의 숱을 감소시킨다.

② **미디움 스트록(Medium stroke) :** 가위의 각도가 10~45° 정도의 움직임으로 쳐내는 방법이다. 스트록되는 양이 중간 정도의 깊이로 이루어져 활동적인 율동감을 표현한다.

③ **롱 스트록(Long stroke) :** 가위의 각도가 45~90° 정도의 움직임으로 쳐내는 방법이다. 쳐내는 모발의 양이 많으므로 모발의 움직임이 자유로워 매우 가벼운 느낌을 준다.

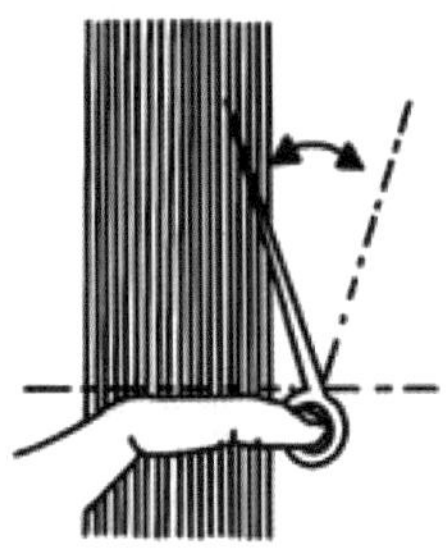
쇼트 스트록
(Short-stroke)

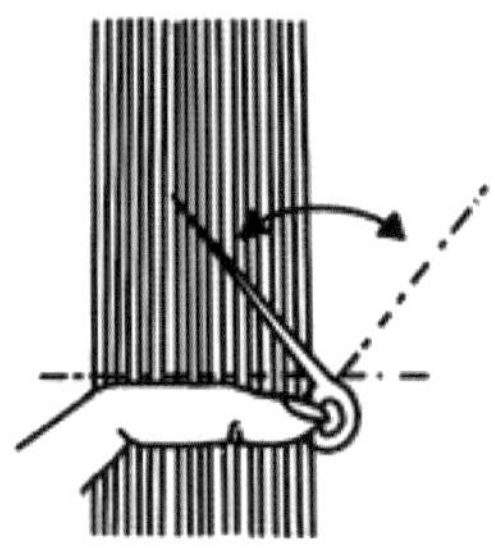
미디움 스트록
(Medium-stroke)

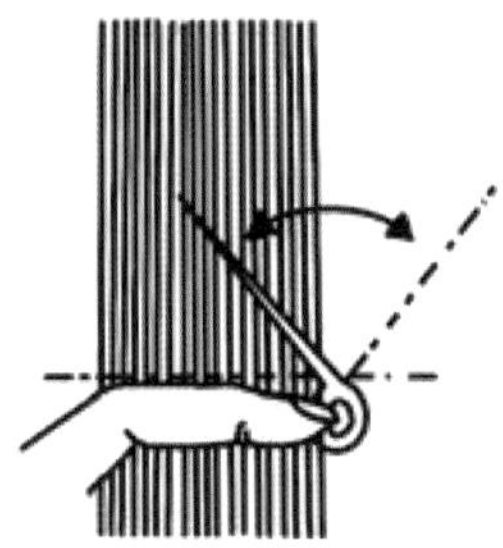
롱 스트록
(Long-stroke)

(5) 채널링 컷(Channeling Cut)

질감 표현의 한 방법으로 커트된 모발 속에 깊이 가위를 넣어 극단적인 모량 감소를 할 수 있다. 가위를 벌려 모발 속으로 가위를 닫으면서 아래로 내려온다.

(6) 블럭 커트(Block cut)

질감 테크닉으로 벽돌을 쌓는 것과 같이 패널 위에 지그재그로 간격을 띄어서 가위집을 내서 모량을 제거하는 기법으로 모량 제거를 길게나 짧게 또는 섞어서 자유롭게 길이 설정을 할 수 있는 테크닉이다. 브릭 컷을 할 때에는 한 패널 안에서 아래로 진행할 때 같은 모발을 계속해서 집어내면 한 곳에 모량이 집중적으로 제거되므로 주의한다.

2) 레자 질감 기법의 종류

(1) 베벨-업 기법(BEVEL-UP TECHNIQUE)

이 기법은 베벨링 기법을 이용해 겉머리에 질감 처리가 이루어져 모발 끝에 겉말음이 되게 한다. 스트록의 길이와 가해지는 압력은 원하는 겉말음의 양에 의해 결정된다.

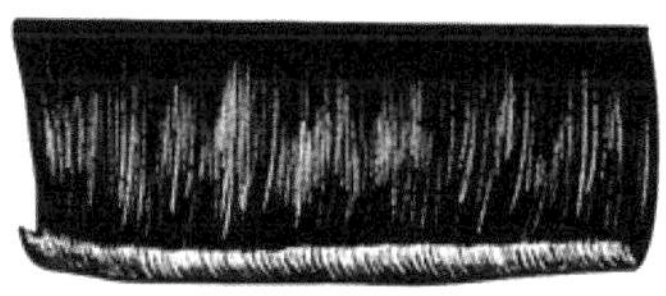

(2) 베벨-언더 기법(BEVEL-UNDER TECHNIQUE)

안말음 효과를 주기 위해서는 래져의 날을 섹션 아래에 놓고 곡선의 움직임으로 스트록한다. 스트록의 길이나 가해지는 압력은 만들고자 하는 질감에 의해 달라질 수 있다.

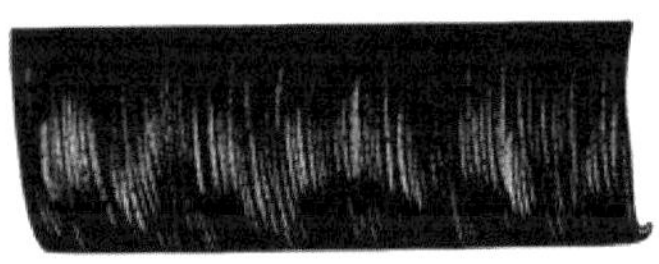

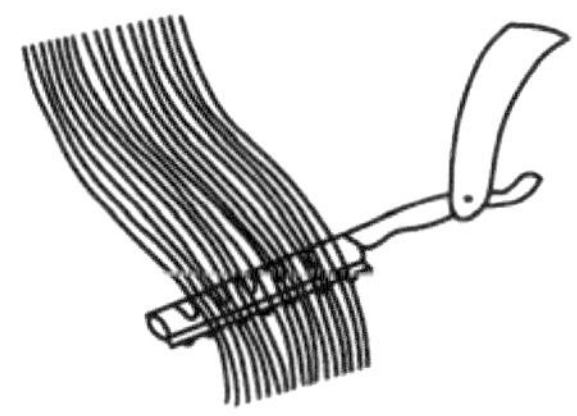

(3) 테이퍼링(Tapering)

테이퍼링은 끝을 가늘게 한다는 뜻으로 모발의 양을 조절하기 위해 머릿결의 흐름을 불규칙적으로 커트하는 과정을 말한다. 틴닝과 레저를 사용할 수 있다.

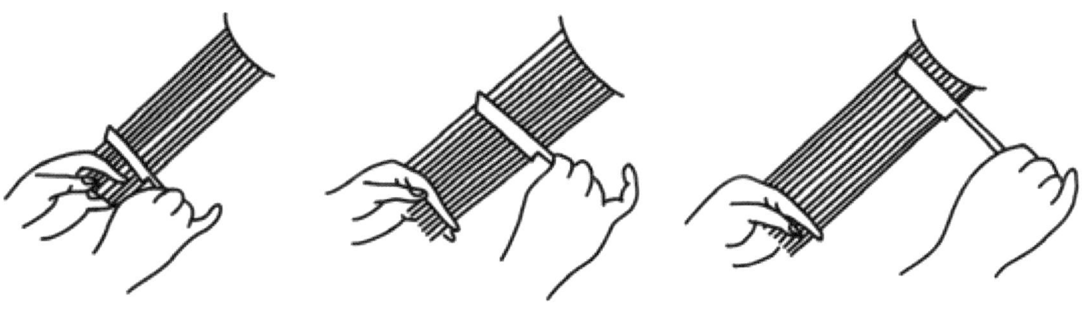

(4) 보스 사이드 테이퍼(Both side tapering)

가벼운 끝맺음을 행하거나 모발을 안쪽과 바깥쪽 모두를 테이퍼하고 싶을 때 사용하는 기법이다.

(5) 레자 회전기법(Razor Arcing)

무게감을 줄이기 위해 레자와 빗을 사용하여 머리를 따라 회전하며 부분을 연결하거나 두상의 윤곽을 따라 머리가 붙게 하는 형을 만들 때 사용한다.

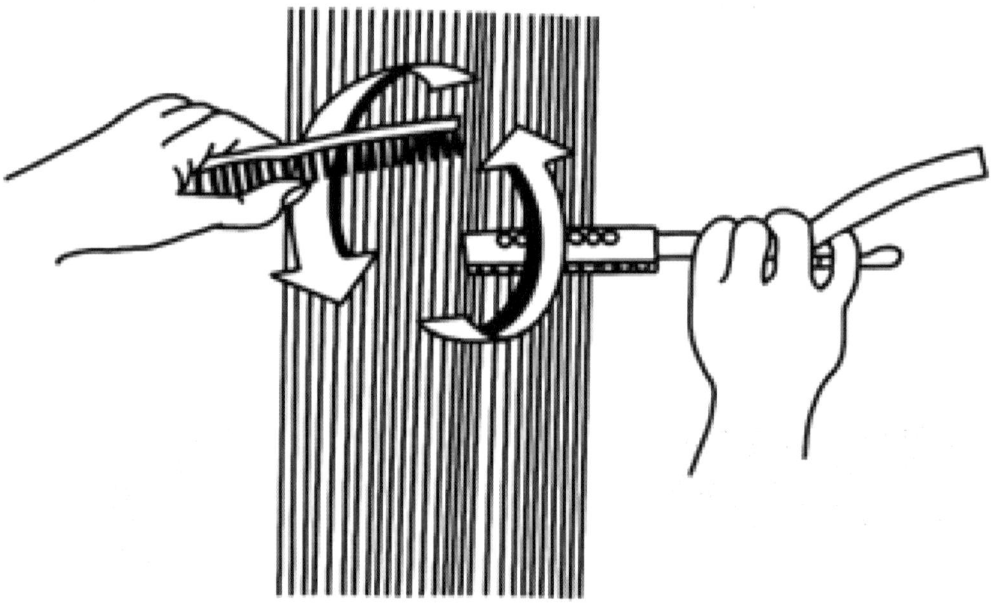

3) 틴닝 가위의 종류 및 기법

(1) 틴닝 가위(Thinning scissors)

커트 가위와 함께 사용되는 도구 중의 하나로 모발의 길이 변화는 주지 않은 상태에서 모량의 감소만을 이루는 방법으로 모량의 불균형이나 모질을 적당하게 조절하여 작업을 용이하게 하기 위하여 사용한다. 현대에서는 커트 시술의 시작부터 마무리까지 전 과정에서 사용된다. 틴닝 가위의 사용은 항상 반 드라이된 상태에서 실시하여야만 모발의 손상이나 가위 날의 마모를 줄일 수 있다.

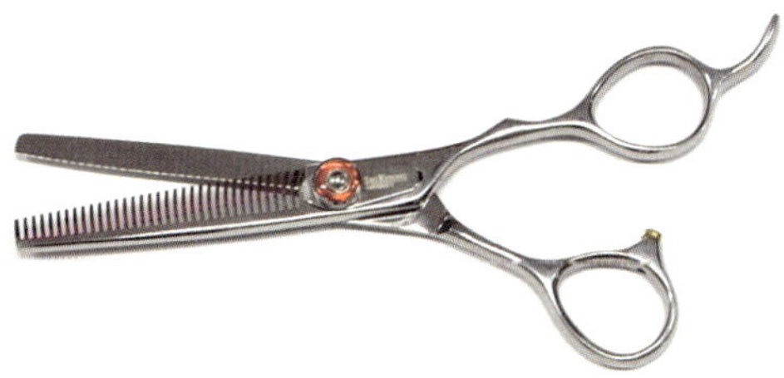

(2) 틴닝 가위의 종류

재질에 따라서 분류하기도하고 발의 수와 모양에 따라 분류하는 것이 일반적이다.

톱니 모양 날의 발수와 홈의 모양에 따라 절삭률과 질감이 달라지므로 사용 목적에 따라 고려하여 선택해야 한다.

① 틴닝 가위 종류

구분		특징
발수	20발 이하	• 초보자용으로 질감 처리용으로 대부분 사용되며 최소량의 모발을 제거한다.
	20~40발 이하	• 가장 많이 사용하고 있는 가위로서 모량의 감소와 테이퍼링 도구 등으로 사용된다. • 기본 틴닝 커트용으로서 중간 정도의 모발을 제거한다.
	40발 이상	• 커트용 가위의 역할과 거의 흡사하게 사용되나 사용 빈도는 낮다. • 모발을 최대량으로 제거한다.
홈 모양	v형	• 발의 홈이 V자의 행태를 가진 가위로서 현재 시판되는 틴닝 가위의 대부분을 차지한다. • V자 형태의 홈은 둔각이기 때문에 U자 형태의 가위보다는 잘 잘리지는 않지만 집어주는 힘은 강하다. • V자의 형태를 좁게 또는 넓게 각을 자유롭게 바꿀 수 있다. • 모표피 층을 상하지 않게 최대한 날 하나하나를 붙여서 만들었다.

구분		특징
홈 모양	u형	• 발의 홈이 U자의 형태를 가진 가위로서 홈의 안쪽 날이 예리한 형태이다. 많은 머리카락의 모량을 제거해야 할 때 사용하며 머리카락은 잘 잘리지만 집어주는 힘이 약하고 간격이 넓어 머리를 자를 때 라인이 보일 수 있는 단점이 있다.
	무 홈	• 발은 형성되어 있으나 어떠한 형태를 가지지 않은 가위로서 정교하면서 자연스러운 스타일을 형성하고자 할 때 사용할 수 있다. • 절삭력은 양쪽 발의 넓이에 따라 달라질 수 있으나 대개 10% 전후로 잘려 나간다.
날 모양	일자형	• 일반 틴닝 가위가 여기에 속하며 모발을 잘랐을 때 단면이 대각선으로 형성되므로 모발의 끝이 갈라지는 손상을 줄 수 있다. 빠른 thinning 작업에 유리하다
	S자형	• 모발을 잘랐을 때의 단면은 일자를 형성하지만, 작업 시 모발을 S자로 물고 들어가기 때문에 자연스러운 선을 얻을 수 있다. • 단점은 가위 빼낼 때 모발이 S자로 빠져나오기 때문에 작업의 속도가 저하될 수 있다.
	Round형	• R or C형이라고도 하며 주로 고급 thinning scissors가 주류를 이룬다. 모발을 잘랐을 때에 단면이 일자를 형성하기 때문에 모발의 손상이 최소화되고 모발이 밀리지 않는다.

4) 틴닝 가위 질감 기법의 종류

모량과 헤어스타일을 조절하는 가위로 커트 디자인에 따라 사용법이 달라지며 톱니가 촘촘할수록 많은 양의 모발을 쳐내므로 커트 기법을 고려한 발수를 선택하여 사용한다.

<table>
<tr><th colspan="2">종류</th><th colspan="2">특징</th></tr>
<tr><td colspan="2">루트 틴닝
(roots thinning)</td><td>모근 쪽의 0.5cm 이하에서 커트하여 모류 보정, 모류가 강한 경우 보정을 위해 솎아내는 방법으로 사용하며 모량 조절에 이용한다.
모류가 역행하거나 모류 각도가 들떠 있을 경우 사용한다.</td><td>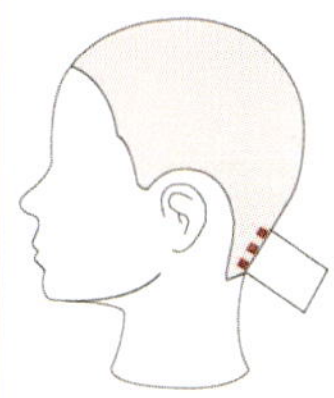</td></tr>
<tr><td colspan="2">세임 틴닝
(same thinning)</td><td>틴닝되는 모발의 위아래 길이가 같게 커트 모발의 중간 지점에서부터 틴닝, 모량을 조절하여 원하는 스타일을 쉽게 만들 때 사용한다.
딥, 노멀, 엔드가 있다.</td><td>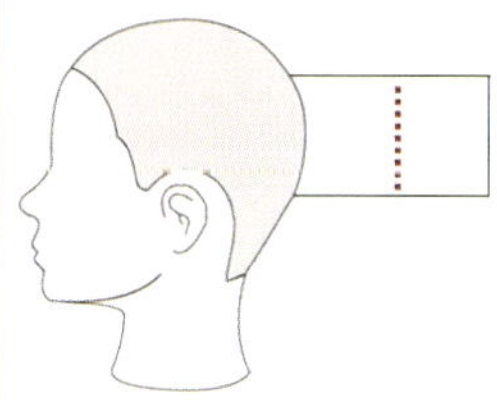</td></tr>
<tr><td rowspan="2">이너 틴닝
(inner thin-ning)</td><td>이너 그라데이션 틴닝
(inner graduation thinning)</td><td>틴닝되는 모발이 아래가 짧고 위가 길게 커트 골격이 들어간 부분에 볼륨감을 만들고 싶을 때 사용한다.
표면은 매끄럽게 두고 모량을 줄이면서 안말음 효과를 낼 때 사용한다.</td><td>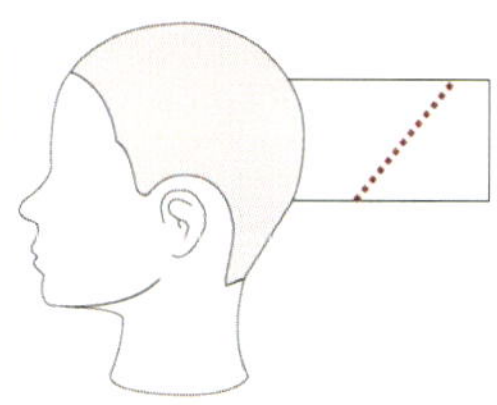</td></tr>
<tr><td>이너 레이어 틴닝
(inner layer thinning)</td><td>틴닝되는 모발이 아래가 길고 위가 짧게 커트 모량과 양감을 줄이고 움직임을 살리는 장점이 있으며, 겉말음 효과를 낼 때 사용한다.</td><td>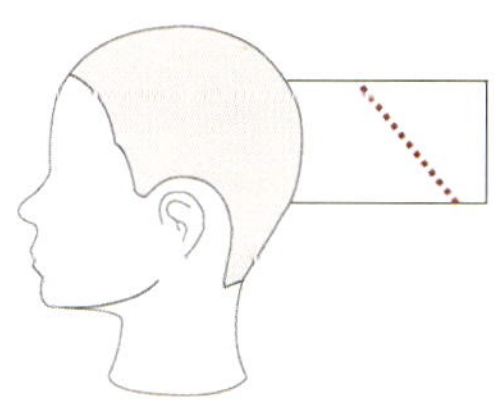</td></tr>
<tr><td rowspan="3">라인 틴닝
(line thin-ning)</td><td>사이드 틴닝
(side thinning)</td><td>볼륨과 모발 끝의 움직임을 좌우로 만들 때 사용한다.</td><td>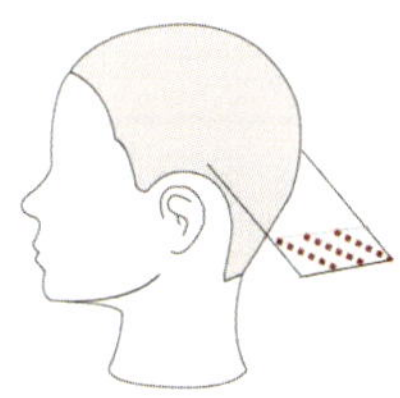</td></tr>
<tr><td>언더 틴닝
(under thinning)</td><td>머리숱이 적은 모발의 볼륨과 안말음 효과를 만들 때 사용한다.</td><td>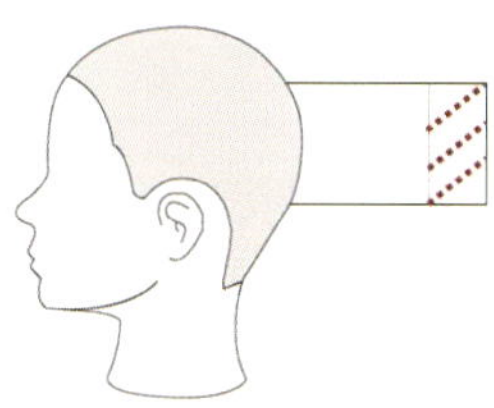</td></tr>
<tr><td>오버 틴닝
(over thinning)</td><td>머리숱이 적은 모발의 뻗침이나 겉말음 효과를 만들 때 사용한다.</td><td>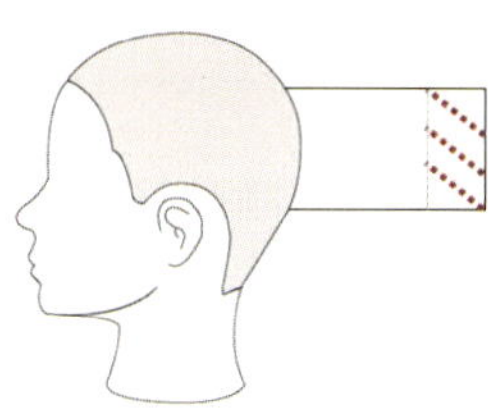</td></tr>
</table>

제2부 여성 베이직 살롱 디자인 커트 실기

Chapter 1 베이직 원랭스 커트 스타일

Chapter 1 베이직 원랭스 커트 스타일

롱 원랭스 커트
스퀘어 라인(53P)

롱 원랭스 커트
라운드 라인(58P)

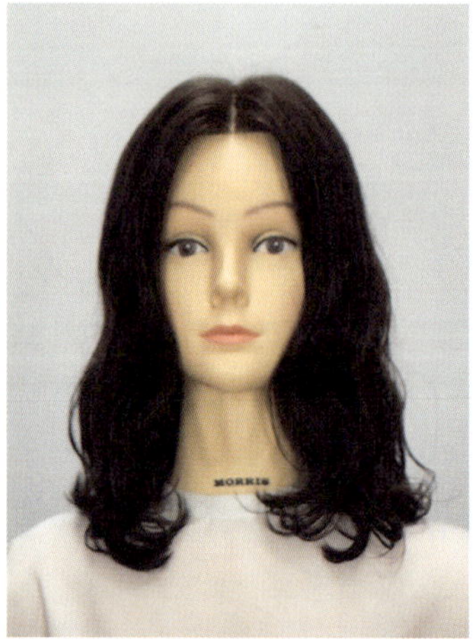

미디움 원랭스 커트(63P)

내추럴 원랭스 보브 커트(69P)

머쉬룸 원랭스 커트(76P)

1. 원랭스 커트의 개요와 특징

1) 개요

원랭스 커트는 머리카락을 일정한 기준선(고정 가이드)에 맞춰 동일 선상에 커트하는 스타일로, 층이 없이 무거운 느낌의 실루엣을 연출하는 커트이다.

2) 특징

- 균일한 길이로 인해 차분하고 세련된 인상을 주며, 무게감 있는 스타일을 완성할 수 있다.
- 롱, 미디움, 보브스타일 등 다양한 길이로 적용할 수 있으며, 특히 직모에 잘 어울리는 스타일이다.
- 원랭스 커트의 대표적인 종류로는 패럴렐, 스파니엘, 이사도라, 머쉬룸 커트가 있다.

3) 이번 장의 커트 스타일 구성

이번 장에서는 패럴렐(Parallel)형 커트를 중심으로 원랭스 커트의 다양한 스타일을 학습한다. 각 스타일은 어깨선을 기준으로 구분되며, 두상 구조와 모발의 자연스러운 낙하를 고려하여 설계되었다.

총 5가지 스타일로 구성되며, 각 스타일은 원랭스 커트의 구조적 원리를 이해하고 실습하는 데 목적이 있다.

(1) 롱 스타일(Long Style)

어깨선 아래, 등 뒤쪽으로 떨어지는 형태로, 다음 두 가지 라인을 학습한다.

- 스퀘어 라인(Square Line)
  → 수평에 가까운 아웃라인으로, 견고하고 안정된 실루엣을 연출한다.
- 라운드 라인(Round Line)
  → 곡선 형태의 아웃라인으로, 부드럽고 자연스러운 무게감을 형성한다.

(2) 미디움 스타일(Medium Style)

어깨선에 맞춰 떨어지는 길이의 커트로, 데일리 스타일로 활용도가 높고 모발의 흐름에 따라 자연스럽게 정돈되는 것이 특징이다.

(3) 내추럴 보브 스타일(Bob Style)

어깨선 위에서 마무리되는 짧은 스타일로, 두상을 따라 떨어지는 클래식한 실루엣을 표현한다. 균일한 무게감과 단정한 라인을 중심으로 학습한다.

(4) 머쉬룸 스타일(Mushroom Style)

보브보다 더 짧고 둥근 형태의 원랭스 커트로, 머리 전체를 감싸는 반구형 실루엣을 구현한다. 곡선 라인을 살리기 위해 고정 가이드와 빗질 방향이 중요한 스타일이다.

2. 학습 목표(Learning Objectives)

1) 원랭스 커트의 개념과 특징 이해

- 고정 가이드 기준으로 동일 선상에 커트하는 원랭스 커트의 정의 및 적용 범위 이해
- 무게감 있는 스타일과 직모에 적합한 커트 형태 분석

2) 두상의 주요 포인트와 4등분 브로킹 기술 습득

- 정중선, 측두부, 크라운 등 주요 두상 포인트에 기반한 브로킹 기법 숙지
- E.T.E 브로킹을 통한 실전 적용 능력 배양

3) 가로 섹션과 자연 분배 빗질법의 활용

- 형태 유지와 정확한 커트를 위한 섹셔닝 및 빗질 방향 이해
- 커트 라인에 맞는 섹션 기획 및 분배 적용 능력 함양

4) 고정 가이드와 커트 각도의 정확한 이해 및 실행

- 0도 자연각 기준의 고정 가이드 설정과 라인 유지 실습
- 라운드/스퀘어 라인 등 형태에 따른 변형 적용

5) 정확한 가위 사용법과 핑거 포지션 훈련

- 커트 정확도를 높이는 손가락 위치와 가위 각도 훈련
- 양측 밸런스를 고려한 자세 유지법 습득

6) 다양한 원랭스 스타일 실습을 통한 형태 이해 확장

- 롱, 미디움, 보브, 머쉬룸 원랭스 커트를 통해 라인 구조 파악
- 스타일에 따른 브로킹, 섹션, 빗질 방향의 차이점 습득

[Style number 1] 롱 원랭스 커트 스퀘어 라인

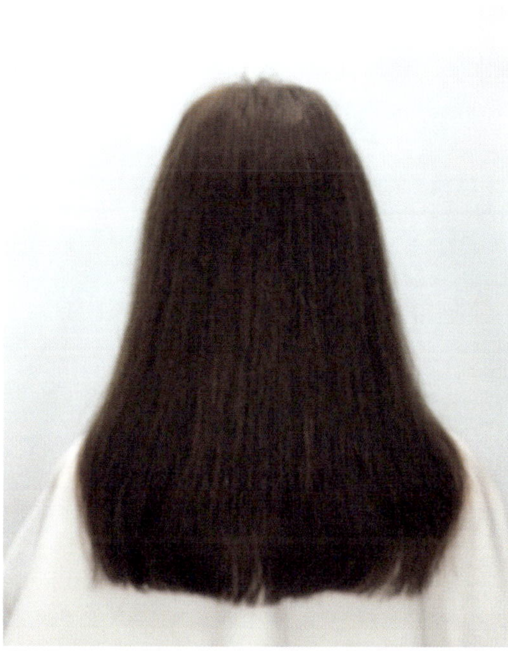

1. 커트 진행방법 및 절차

／ 핵심 포인트 ／

1) 언더존 커트 (B.P 아래) 고객의 머리를 앞으로 숙인 상태에서 커트

- 이유: 언더라인의 무게감 유지 및 라인 정밀도 확보

2) 사이드 커트시 고객의 머리를 옆으로 돌려 진행

- 이유: 좌우 밸런스 유지와 라인 일치

3) 정확한 자세 유지 → 커트 라인의 정밀도와 좌우 대칭 중요

- 특히 언더존, 사이드 작업 시 고객 자세 체크

두상구분 / 커트절차	후두부(Back)	측두부(Side)	프린지
형태	어깨선 뒤쪽에서 스퀘어 형태		없음
브로킹	E.T.E 기본 4등분 브로킹		없음
섹션 및 파팅	전체 가로 섹션		없음
손가락 / 분배	자연분배 / 손가락 평행		없음
베이스	해당없음		
가이드 / 각도	자연각 0도 / 고정가이드		

2. 커트 과정

1

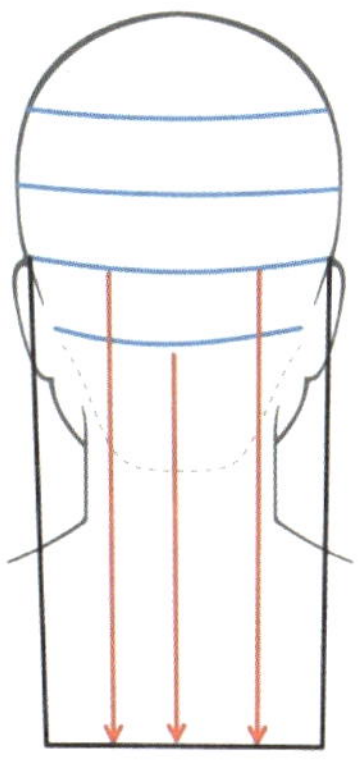

2

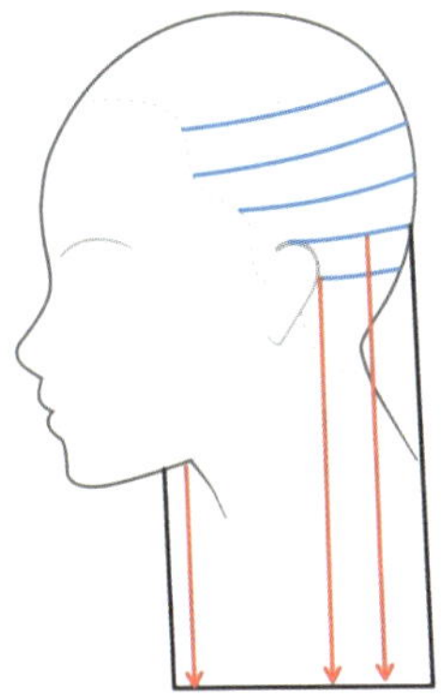

가로섹션과 자연분배 활용한 롱 원랭스 스퀘어 라인 도해도

3

① E.T.E 기본 4등분 브로킹한다.

4

5

6

② B.N.M.P에서 가로섹션(horizontal section)하고 N.P 25cm 가이드
자연분배 원랭스 일자 커트한다.

7

8

9

③ B.P까지 가로 섹션하고 ②와 동일하게 계속하여
고정 디자인으로 자연분배 일자 커트한다.

10

11

12

④ G.B.M.P까지 가로 섹션하고 ③과 동일하게 고정 디자인으로 자연분배 일자 커트한다.

13

14

15

⑤ G.P까지 가로 섹션하고 ④와 동일하게 고정 디자인으로 자연분배 일자 커트한다.

16

17

18

⑥ 나머지도 동일하게 고정 디자인으로 자연분배 일자 커트한다.

19

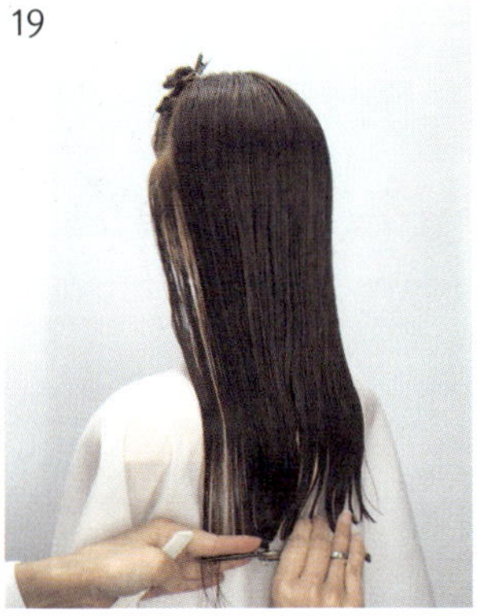

20

21

⑦ 측두부 S.P까지 가로섹션 어깨 뒤에서 후두부와 연결하여 일자 커트한다.

⑧ F.S.P까지 가로 섹션 동일하게 커트한다.

⑨ 나머지 동일하게 커트한다.

22

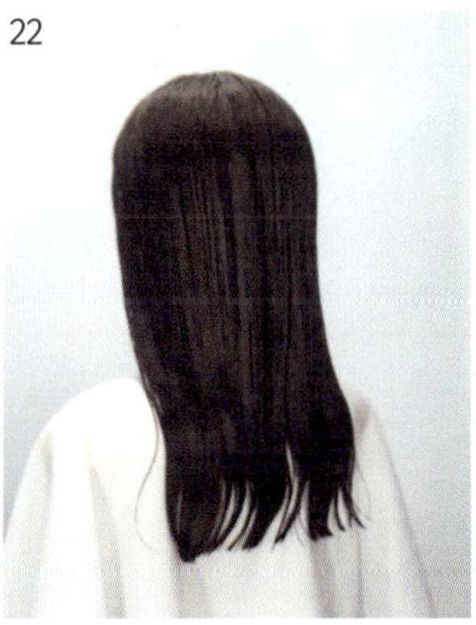

23

24

25

26

27

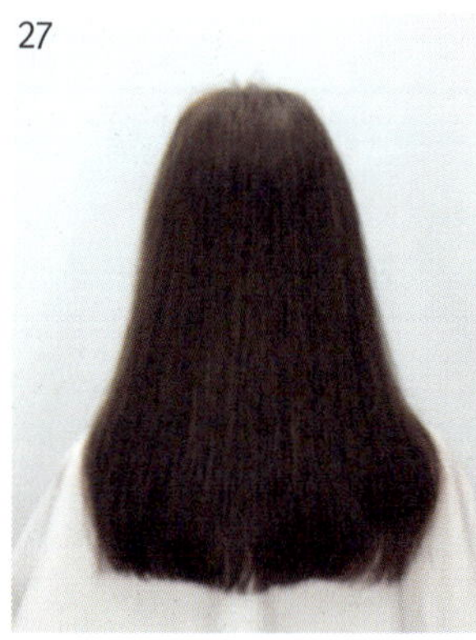

[Style number 2] 롱 원랭스 커트 라운드 라인

1. 커트 진행방법 및 절차

/ 핵심 포인트 /

1) 언더존 커트 (B.P 아래) 고객의 머리를 앞으로 숙인 상태에서 커트

- 이유: 언더라인의 무게감 유지 및 라인 정밀도 확보

2) 사이드 커트시 어깨선을 지나지 않게 일자 커트

- 이유: 좌우 밸런스 유지와 라인 일치

3) 정확한 자세 유지 → 커트 라인의 정밀도와 좌우 대칭 중요

- 특히 언더존, 사이드 작업 시 고객 자세 체크

두상구분 / 커트절차	후두부(Back)	측두부(Side)	프린지
형태	어깨선 뒤쪽에서 라운드 형태		없음
브로킹	E.T.E 기본 4등분 브로킹		없음
섹션 및 파팅	전체 가로 섹션		없음
손가락 / 분배	자연분배 / 손가락 비평행		없음
베이스	해당없음		
가이드 / 각도	자연각 0도 / 고정가이드		

2. 커트 과정

1

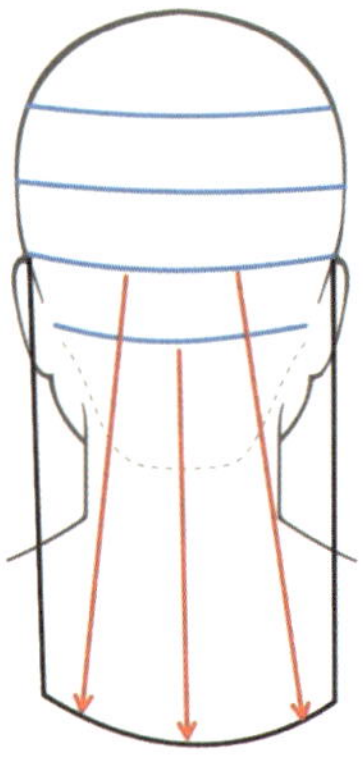

2

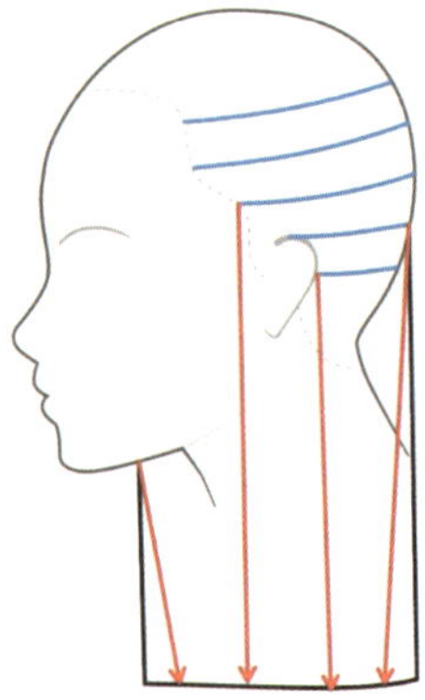

가로섹션과 자연분배 활용한 롱 원랭스 라운드 라인 도해도

3

① E.T.E 기본 4등분 브로킹한다.

4

5

6

② B.N.M.P에서 가로섹션(horizontal section)하고 N.P 25cm 가이드
자연분배 원랭스 라운드 커트한다.

7

8

9

③ B.P까지 가로 섹션하고 ②와 동일하게
고정 디자인 자연분배 라운드 커트한다.

10

11

12

④ G.B.M.P까지 가로 섹션 ③과 동일하게 고정 디자인 자연분배 라운드 커트한다.

13

14

15

⑤ G.P까지 가로 섹션 ④와 동일하게 고정 디자인 자연분배 라운드 커트한다.

16

17

18

⑥ 나머지도 동일하게 고정 디자인 자연분배 일자 커트한다.

⑦ 측두부 S.P까지 가로 섹션 어께선 넘어가지 않게 후두부와 연결 커트한다.

⑧ F.S.P까지 가로 섹션 ⑦과 동일하게 커트한다.

⑨ 나머지도 동일하게 커트한다.

⑩ 반대편도 동일하게 커트한다.

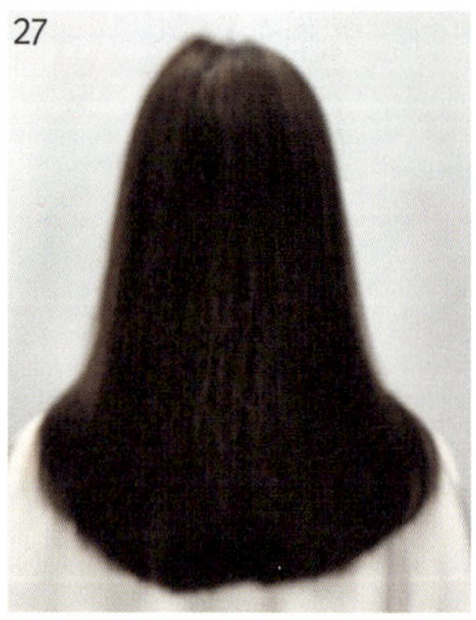

[Style number 3] 미디움 원랭스 커트

1. 커트 진행방법 및 절차

/ 핵심 포인트 /

1) 언더존 커트 (B.P 아래) 고객의 머리를 앞으로 숙인 상태에서 커트

- 이유: 언더라인의 무게감 유지 및 라인 정밀도 확보

2) 사이드 커트시 고객의 페이스라인 지나지 않도록 하고 일자 커트

- 이유: 좌우 밸런스 유지와 라인 일치

3) 정확한 자세 유지 → 커트 라인의 정밀도와 좌우 대칭 중요

- 특히 언더존, 사이드 작업 시 고객 자세 체크

두상구분 / 커트절차	후두부(Back)	측두부(Side)	프린지
형태	미디움 스퀘어 형태/스퀘어 형태		없음
브로킹	E.T.E 기본 4등분 브로킹		없음
섹션 및 파팅	전체 가로 섹션		없음
손가락 / 분배	자연분배 / 손가락 평행		없음
베이스	해당없음		
가이드 / 각도	자연각 0도의 고정가이드		

2. 커트 과정

1

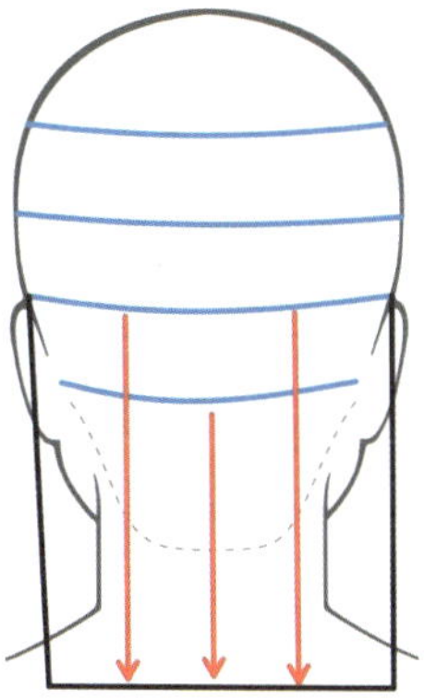

2

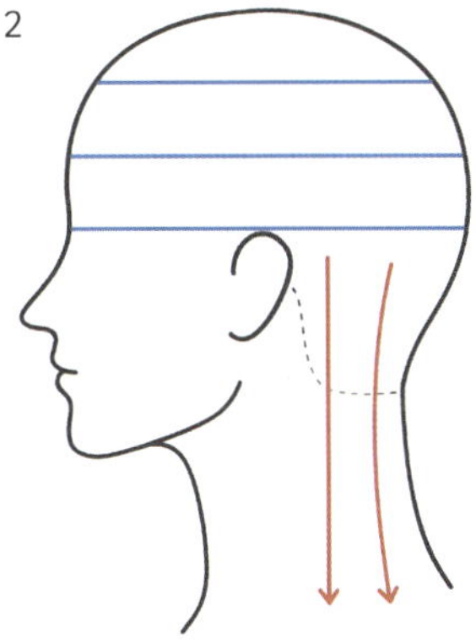

가로섹션과 자연분배 활용한 미디움 원랭스 스퀘어 라인 도해도

3

① E.T.E 기본 4등분 블로킹한다.

4

5

6

② B.N.M.P까지 가로 섹션(horizontal section)하고 N.P 15cm 가이드
자연분배 콤 컨트롤 기법으로 원랭스 일자 커트한다.

7

8

9

③ B.P까지 가로 섹션하고 ②와 동일하게 고정 디자인
자연분배 콤 컨트롤 기법으로 일자 커트한다.

10

11

12

④ G.B.M.P까지 가로 섹션하고 ③과 동일하게 고정 디자인 자연분배 콤 컨트롤 기법으로 원랭스 일자 커트한다.

13

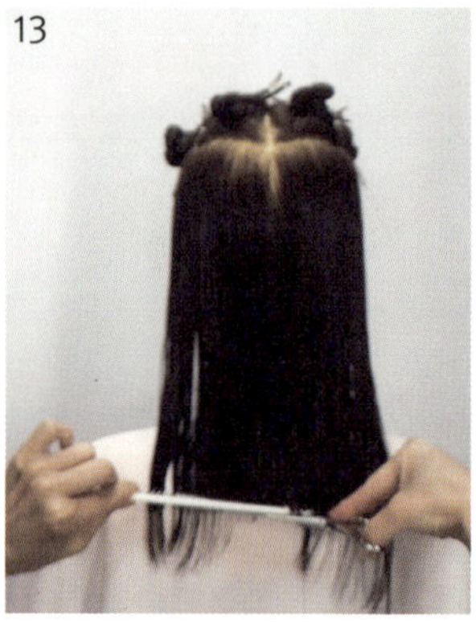

14

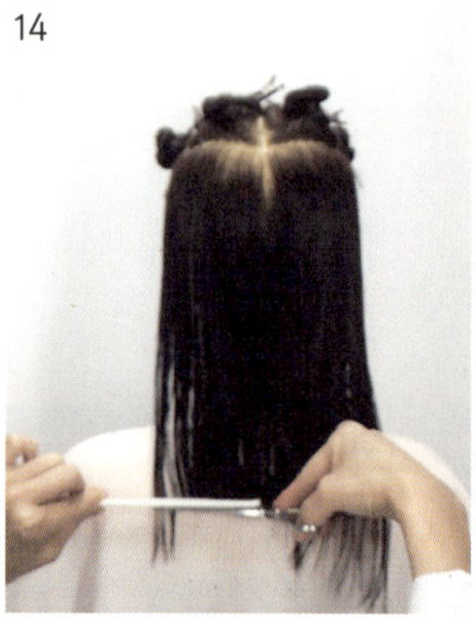

15

⑤ G.P까지 가로 섹션하고 ④와 동일하게 고정 디자인 자연분배 콤컨트롤 기법으로 원랭스 일자 커트한다.

16

17

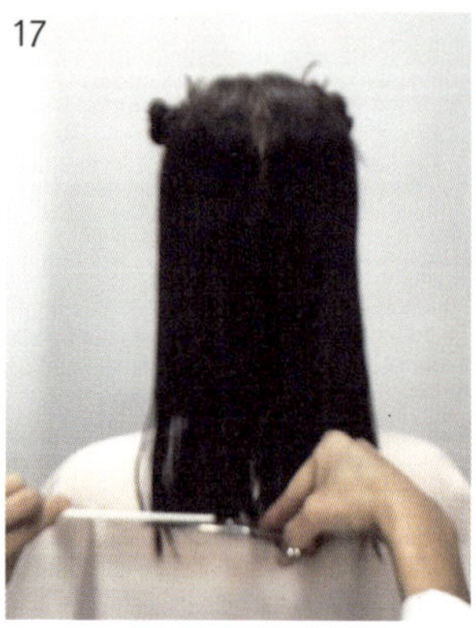

18

⑥ 나머지도 동일하게 고정 디자인 자연분배 콤 컨트롤 기법으로 원랭스 일자 커트한다.

19

⑦ S.P까지 가로 섹션하고 페이스라인 지나지 않게 하여 일자 커트한다.

20

⑧ F.S.P까지 가로 섹션하고 동일하게 커트한다.

21

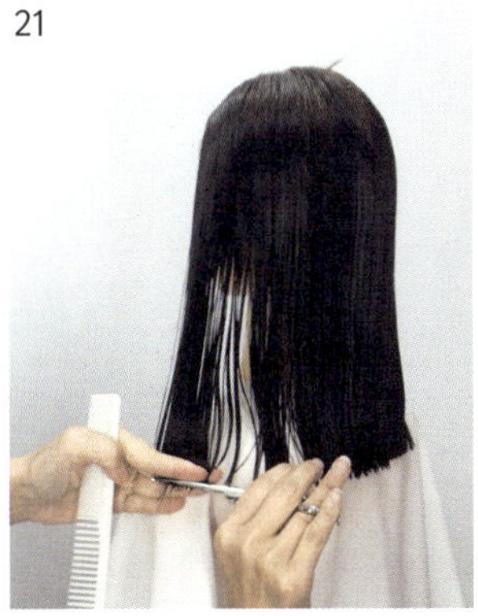

⑨ 나머지 동일하게 커트한다.

22

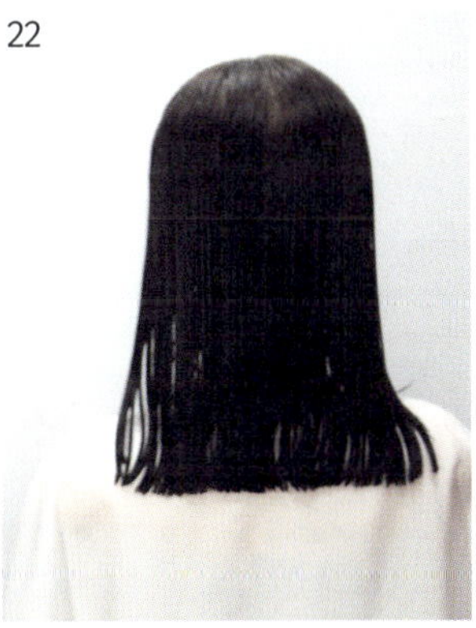

23

24

25

26

27

28

29

30

[Style number 4] 내추럴 원랭스 보브 커트

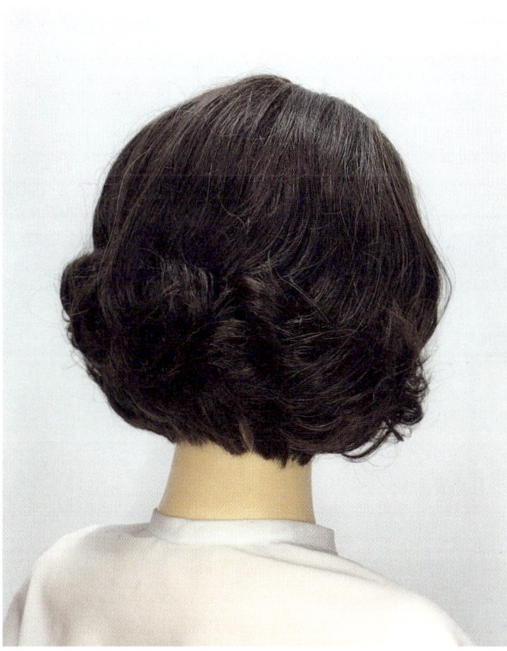

1. 커트 진행방법 및 절차

/ 핵심 포인트 /

1) 언더존 커트(B.P 아래) 고객의 머리를 앞으로 숙인 상태에서 커트, 네이프 사이드 안쪽으로 빗질하여 원랭스 일자 커트한다.

- 이유: 언더라인의 무게감 유지 및 아웃라인 정밀도 확보

2) 사이드 커트시: E.B.P 안쪽으로 빗질하여 커트

- 이유: 좌우 밸런스 유지와 아웃라인 일치

3) 정확한 자세 유지 → 커트라인의 정밀도와 좌우 대칭 중요

- 특히 언더존, 사이드 작업 시 고객 자세 체크

두상구분 / 커트절차	후두부(Back)	측두부(Side)	프린지
형태	자연스러운 스퀘어 형태		시스루 뱅
브로킹	E.T.E 기본 4등분 브로킹		C.P 2cm 위와 F.S.P 쪽으로 2cm 삼각섹션
섹션 및 파팅	전체 가로 섹션		삼각파팅
손가락 / 분배	자연분배 / 손가락 평행		
베이스	해당없음		
가이드 / 각도	자연각 0도 / 고정가이드		

2. 커트 과정

1

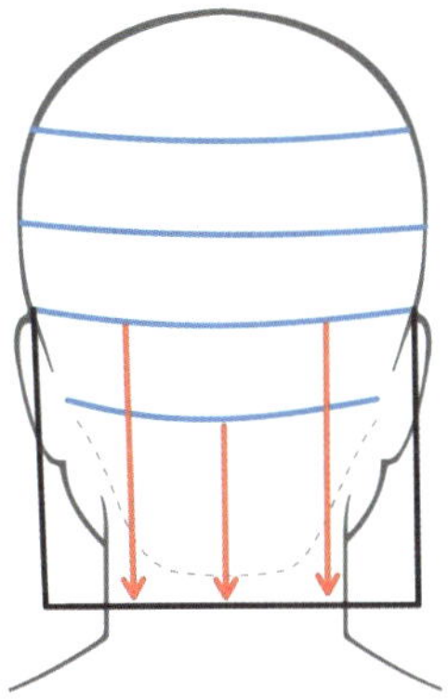

2

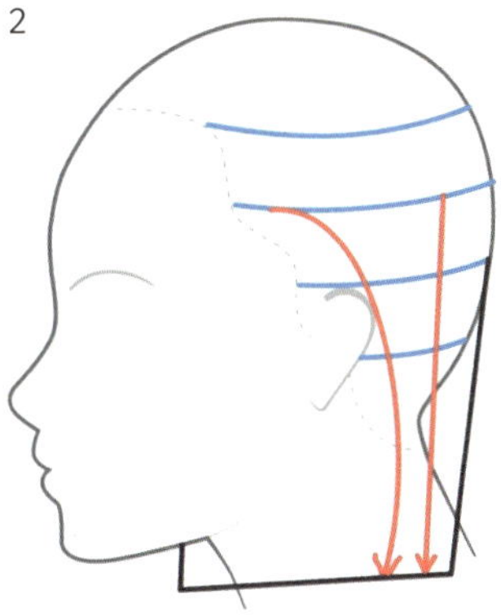

가로섹션과 자연분배 활용한 내추럴 보브 커트 도해도

3

① E.T.E 기본 4등분 브로킹한다.

4

5

6

② B.N.M.P까지 가로 섹션하고 N.P 3~4cm 가이드 콤 컨트롤 기법으로
N.S.L 안쪽으로 빗질하여 원랭스 일자 커트한다

7

8

9

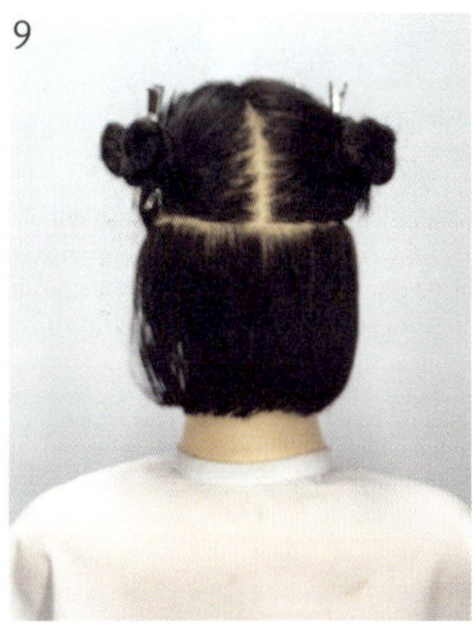

③ B.P까지 가로 섹션하고 ②와 동일하게 고정 디자인
자연분배 콤 컨트롤 기법으로 원랭스 일자 커트한다.

10

11

12

④ G.B.M.P까지 가로 섹션하고 ③과 동일하게
고정 디자인 자연분배 콤 컨트롤 기법으로 원랭스 일자 커트한다.

13

14

15

⑤ G.P까지 가로 섹션하고 ④와 동일하게 고정 디자인
자연분배 콤 컨트롤 기법으로 원랭스 일자 커트한다.

16

17

18
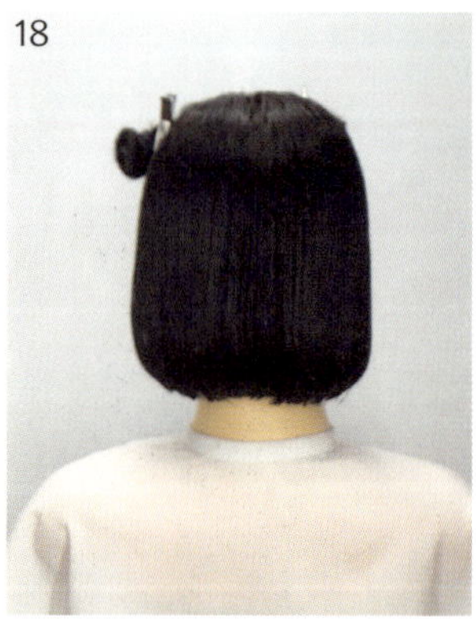

⑥ 나머지도 동일하게 고정 디자인 자연분배 콤 컨트롤 기법으로 원랭스 일자 커트한다.

19

20

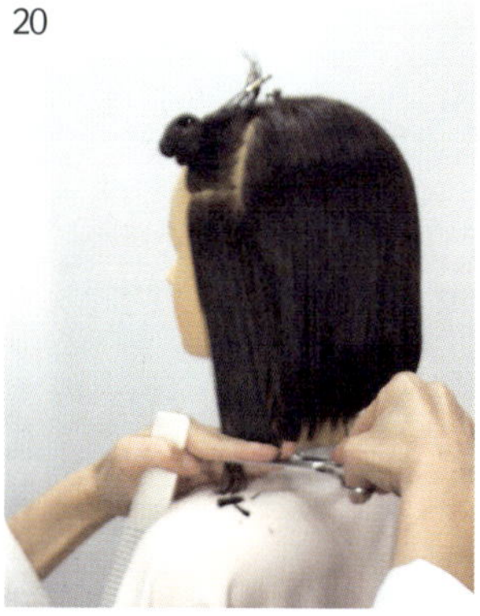

21

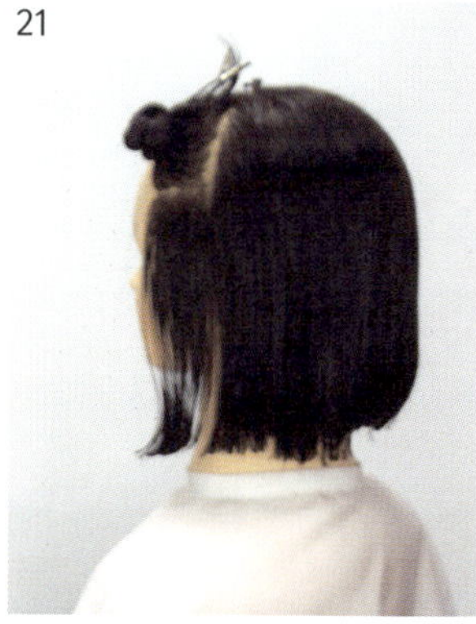

⑦ S.P까지 가로 섹션하고 E.B.P 안쪽으로 빗질하여 콤 컨트롤 기법으로 일자 커트하고
다시 E.B.P 쪽으로 빗질하여 체크 커트한다.

22

23

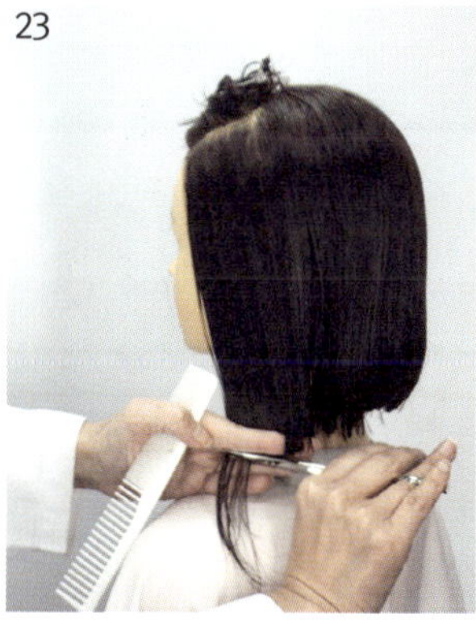

24

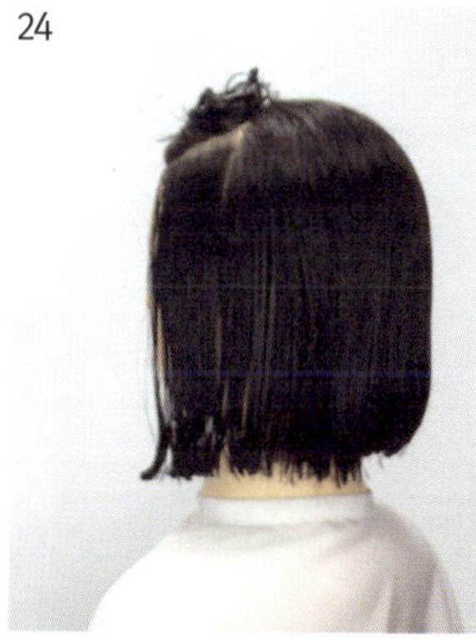

⑧ F.S.P까지 가로 섹션하고 E.B.P 쪽으로 빗질하여 동일하게 커트한다.

25

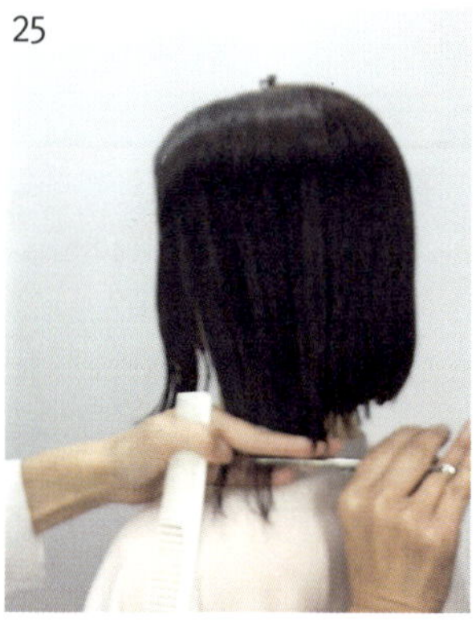

26

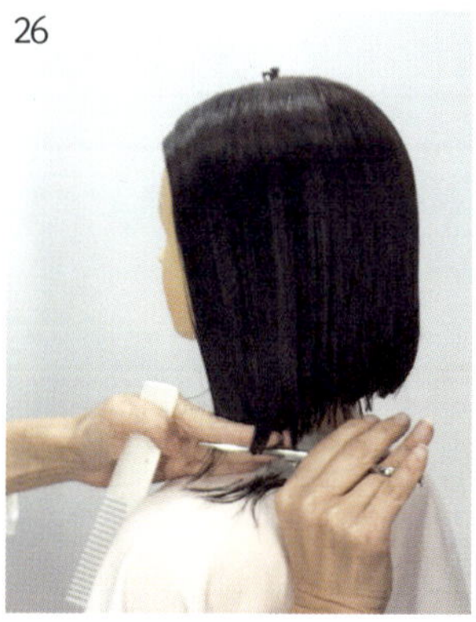

27

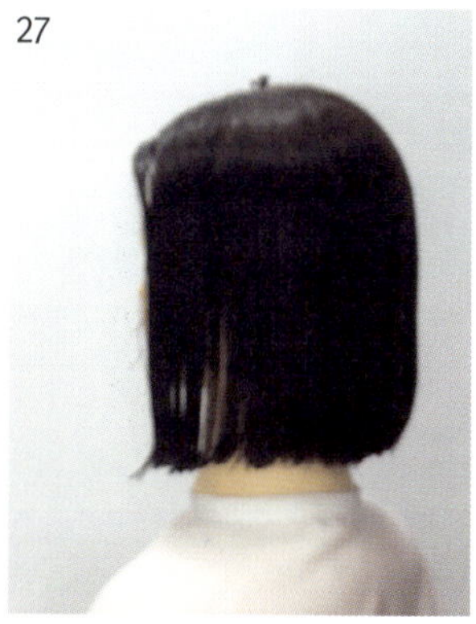

⑨ 나머지 동일하게 커트한다.

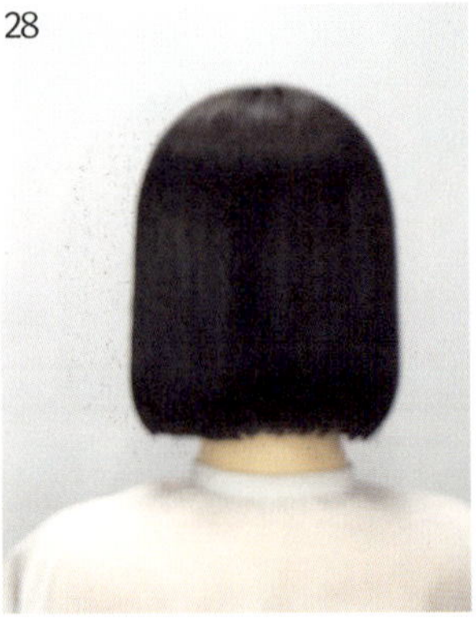
28

29

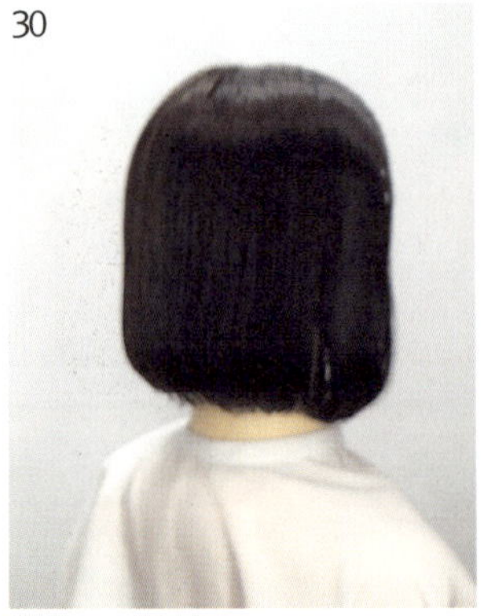
30

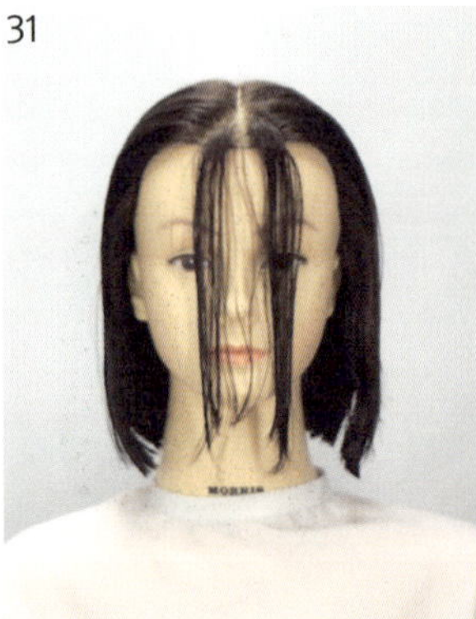
31

32

33

⑩ C.P 2cm 위와 F.S.P 쪽으로 2cm 삼각섹션 나눈 후
C.P에서 가이드 설정하여 정중선으로 모아서 커트한다.

34

35

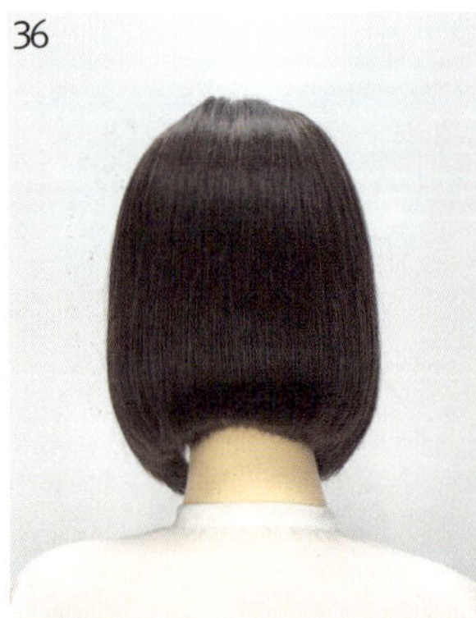
36

37

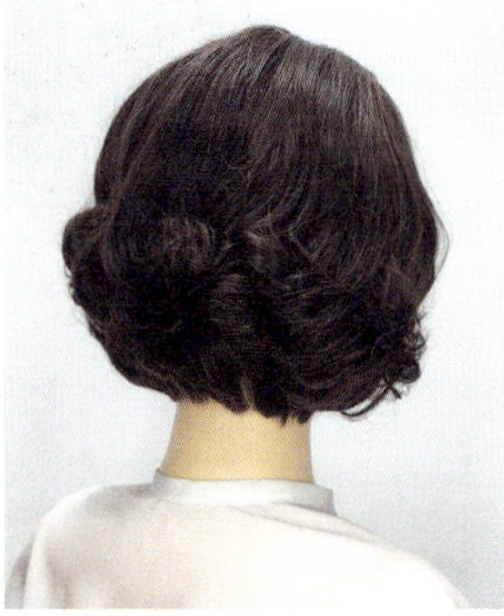

38

39

40

41

42

[Style number 5] 머쉬룸 원랭스 커트

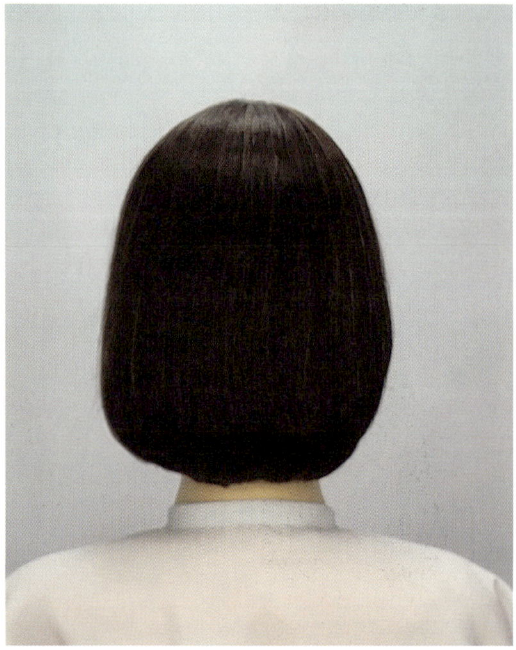

1. 커트 진행방법 및 절차

두상구분 / 커트절차	후두부(Back)	측두부(Side)	프린지/페이스라인
형태	콘벡스 형태		애교 뱅
브로킹	E.T.E 기본 4등분 브로킹		
섹션 및 파팅	후대각 섹션		후대각 섹션
손가락 / 분배	직각분배 / 손가락 비평행		
베이스	해당없음		
가이드 / 각도	자연각 0도 / 고정가이드		

2. 커트 과정

1

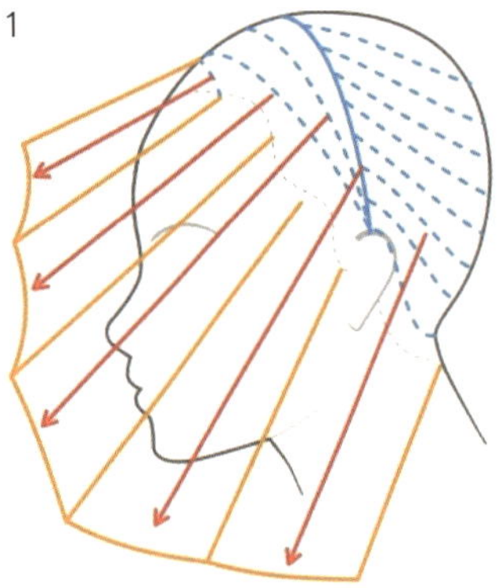

후대각 섹션을 활용한 머쉬룸 라인 원랭스 커트 도해도

2

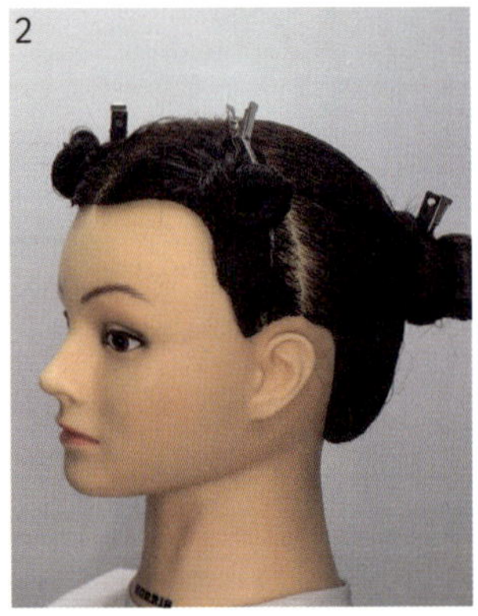

① E.T.E 기본 4등분 브로킹한다.

3

4

5

② C.T.M.P 쪽으로 2cm와 F.S.P쪽으로 2cm 삼각섹션으로 나눈 후
직각분배하여 L(Layer) 커트한다.

6

③ C.T.M.P~E.P까지 후대각
섹션한다.

7

8

④ 2cm 파팅하여 리프트 다운하고
②을 가이드로 직각분배 L(Layer) 커트한다.

9

10

11

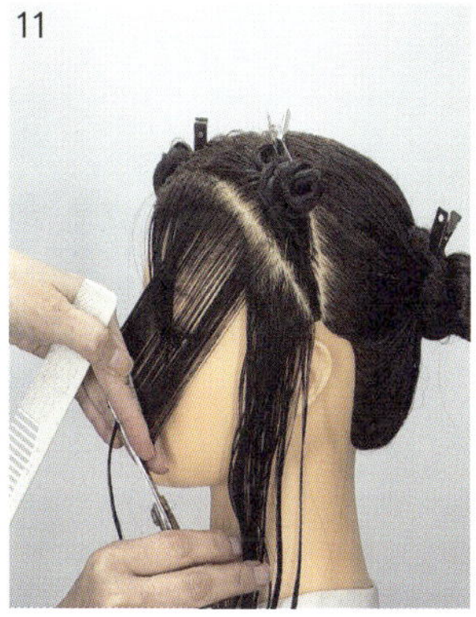

⑤ 계속하여 2cm 파팅 동일하게 리프트 다운 L(Layer) 커트한다.

12

⑥ 동일하게 L(Layer) 커트한다.

13

14

⑦ 나머지 S.P 아래쪽은 G(Gradation) 커트한다.

15

⑧ C.T.M.P~ E.P까지
후대각 피봇 섹션한다.

16

17

⑨ 계속하여 동일하게 L(Layer) 커트한다.

⑩ 계속하여 동일하게 L(Layer) 커트한다.

⑪ 나머지 S.P 아래쪽은
G(Gradation) 커트한다.

⑫ 마지막 섹션도 동일하게 L(Layer) 커트한다.

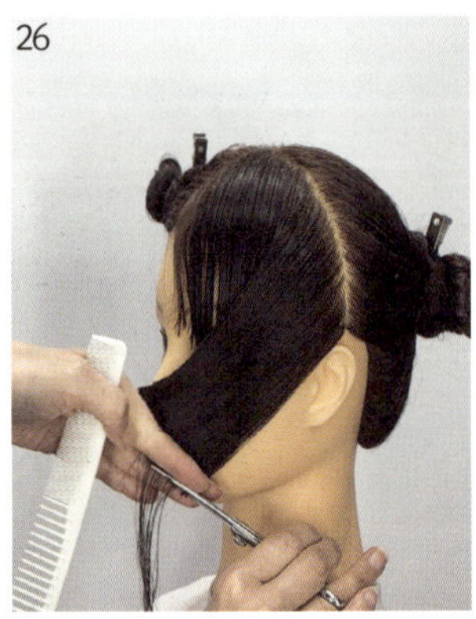

⑬ 계속하여 L(Layer) 커트한다.
(2cm 파팅 반드시 준수하고 커트한다)

⑭ 나머지 S.P 아래쪽은
G(Gradation)로 커트한다.

27

28

29

⑮ 반대편도 동일하게 커트한다.

⑯ 후두부 첫 번째 섹션 측중선과 연결하여 N.S.P까지 후대각 섹션한다.

⑰ 첫 번째 파팅은 측중선과 연결하여 L(Layer) 커트한다.

30

31

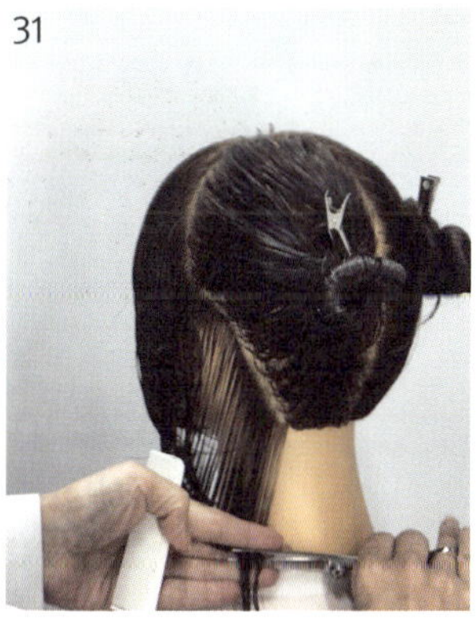

32

⑱ 계속하여 2cm 파팅 리프트 다운하여 G로 커트한다.

33

34

35

⑲ 계속하여 2cm 파팅 리프트 다운하여 G로 커트한다.

36

37

38

⑳ 계속하여 2cm 파팅 리프트 다운하여 G로 커트한다.
(리프트 다운에 주의하여 커트한다)

39

40

41

㉑ 계속하여 2cm 파팅 리프트 다운하여 G로 커트한다.
(리프트 다운에 주의하여 커트한다)

42

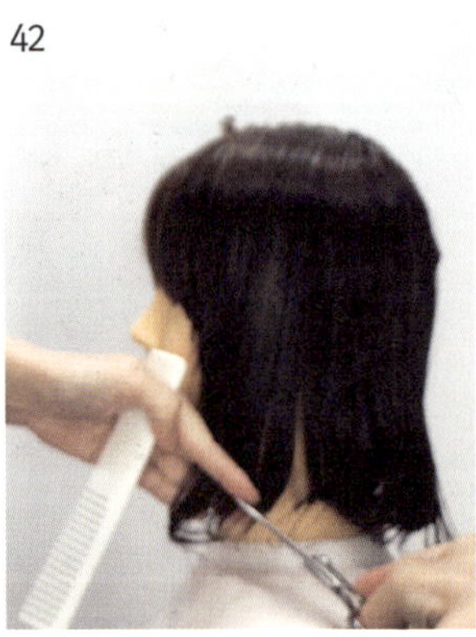

43

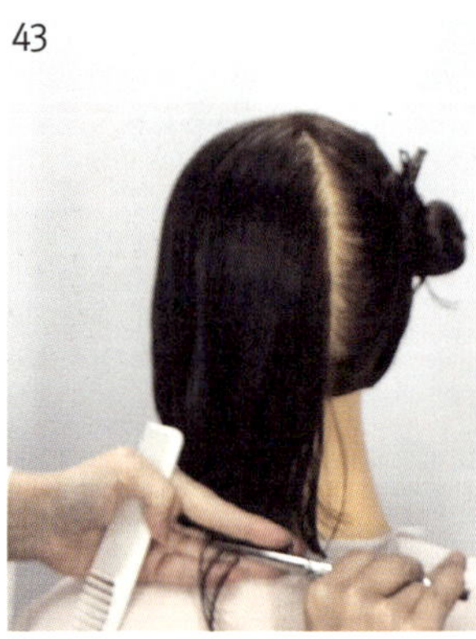

44

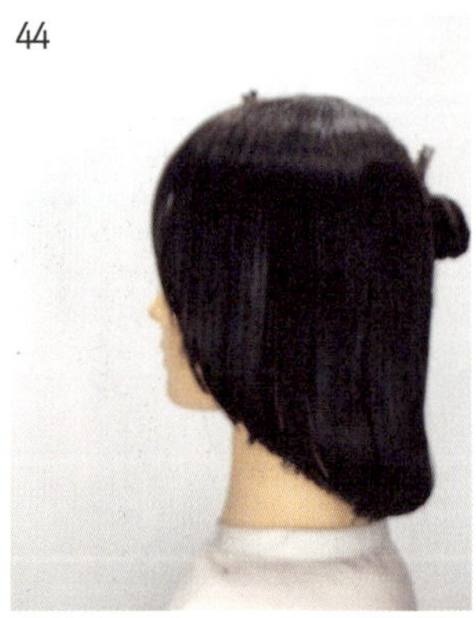

㉒ 마지막 섹션 리프트 다운하여 G로 커트한다.
(리프트 다운에 주의하여 커트한다)

45

46

47

48

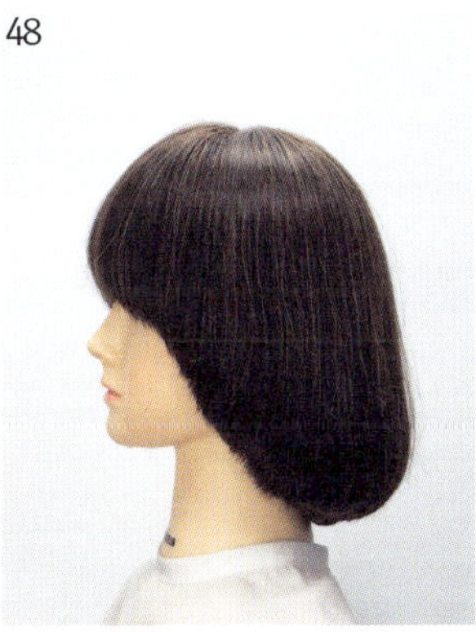

49

50

51

52

53

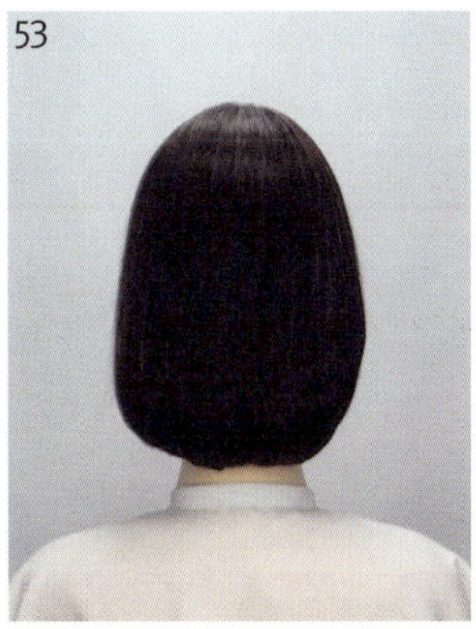

학습자 체크리스트

단원명: Chapter 1. 원랭스 커트 기본기 핵심 원리와 테크닉

항목	학습 내용	이해했나요? ✓	실습해 봤나요? ✓	자신 있어요? ✓
1. 4등분 브로킹 이해	두상의 주요 포인트(정중선, 측두부, 크라운 등)를 기준으로 4등분 브로킹을 정확히 나눌 수 있다.	☐	☐	☐
2. 가로 섹션의 개념	가로 섹션이 커트의 형태에 어떤 영향을 주는지 이해하고, 균일한 섹셔닝이 가능하다.	☐	☐	☐
3. 자연 분배 빗질법	자연스러운 낙차를 위한 빗질 방향을 이해하고, 원랭스에 적합한 빗질이 가능하다.	☐	☐	☐
4. 고정 가이드 적용	기준선을 설정하는 고정 가이드의 위치를 설정하고, 이를 따라 커트할 수 있다.	☐	☐	☐
5. 가위 사용법 & 핑거 포지션	손가락 위치와 가위 각도를 정확하게 유지하여 일관된 아웃라인을 커트할 수 있다.	☐	☐	☐
6. 자세에 따른 빗질법	커트 시 디자이너의 자세, 이동 위치에 따라 자연스럽게 빗질 방향을 조절할 수 있다.	☐	☐	☐

제2부 여성 베이직 살롱 디자인 커트 실기

Chapter 2 베이직 그라데이션 증가형

[Style number 6] 로우 그라데이션 커트 증가형

[Style number 7] 미디움 그라데이션 커트 증가형

[Style number 8] 하이 그라데이션 커트 증가형

로우 그라데이션(91P)

미디움 그라데이션(98P)

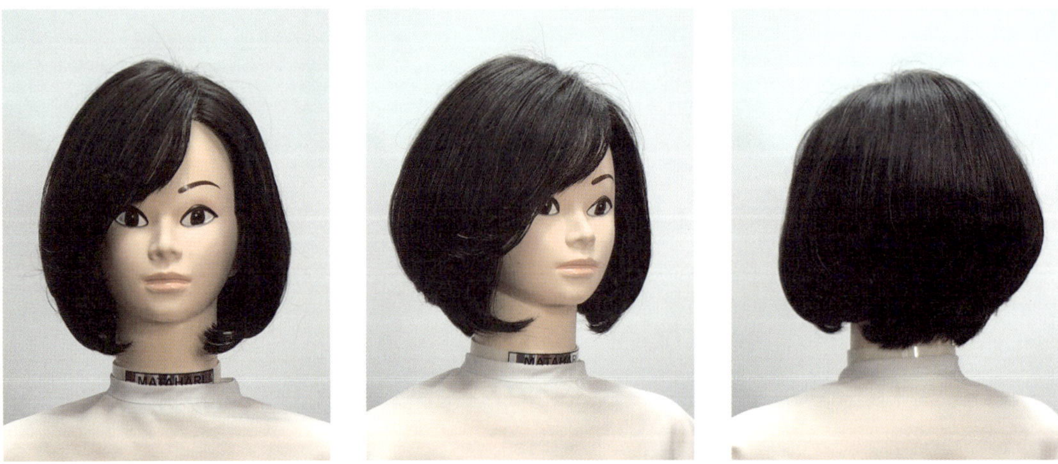

하이 그라데이션(106P)

1. 그라데이션형 커트의 개요와 특징

1) 개요

그라데이션 커트(Graduation Cut)는 모발을 일정한 각도로 들어 올려 층을 형성하며 절단하는 커트 기법으로, 모발의 길이가 점진적으로 변화하도록 설계되어 자연스러운 볼륨감과 유연한 실루엣을 구현할 수 있는 테크닉이다.

이 기법은 모발의 흐름과 두상의 곡면을 고려하여 각도를 조절함으로써 입체감 있는 형태를 만들어내며, 스타일의 목적과 얼굴형, 모질에 따라 다양한 변형이 가능하다.

2) 특징

(1) 층의 형성(Graduation Layering)

모발을 일정한 엘리베이션(Elevation) 각도로 상·하 길이 차이를 형성하며, 이를 통해 자연스럽고 풍성한 볼륨을 연출할 수 있으며, 모근에서 모간으로 갈수록 무게가 분산되며, 전체적인 무게 밸런스(Weight Balance) 조절이 용이하다.

(2) 다양한 스타일 연출

긴 스타일부터 보브, 짧은 스타일까지 다양한 스타일 적용이 가능하며, 베이직한 클래식 스타일부터 세련되고 트렌디한 디자인까지 폭넓은 연출이 가능하다.

(3) 페이스 밸런스 보정

층의 위치와 방향성을 조절함으로써 얼굴형의 단점을 보완하고, 시각적으로 균형 잡힌 인상을 제공할 수 있다. 특히 광대, 턱선, 이마 등 노출 정도를 조절하는 데 효과적이다.

(4) 정확한 시술 각도와 커트 패턴

그라데이션 헤어커트는 시술 각도와 패턴에 따라 분류된다.

3) 본 장의 구성 포인트

- 로우 그라데이션 (Low Graduation): 낮은 엘리베이션을 사용하여 무게감이 하단에 집중되는 형태. 안정감 있고 클래식한 실루엣을 연출함
- 미디움 그라데이션 (Medium Graduation): 중간 높이의 엘리베이션으로 상·하 밸런스를 고려한 볼륨 분배가 가능하며, 자연스럽고 유연한 흐름의 보브 스타일을 연출함
- 하이 그라데이션 (High Graduation): 높은 엘리베이션으로 상단에 가벼운 레이어가 형성되어 역동적이고 트렌디한 스타일 연출에 적합

- 특히, 본 장에서는 아래 두 가지 구조적 디자인을 중심으로 구성되어 있다.
  → A라인의 증가형 그라데이션 (Increased Graduation with A-line Shape)으로 앞쪽에서 뒤쪽으로 갈수록 길이와 층이 점진적으로 증가하는 구조. 전방에서 후방으로 이어지는 경사 형태의 섹션 배치를 통해 A라인 실루엣을 형성하며,
  → 보브형 형태선으로 사선섹션(Diagonal Section)과 직각 분배(Perpendicular Distribution)를 활용하여 정밀하고 안정적인 형태선을 설계. 무게감을 유지하면서도 단정하고 구조적인 보브 스타일 구현에 효과적이며, 두상의 곡면을 따라 이어지는 커트 라인의 자연스러운 연결성과 형태 변화까지 함께 분석하며, 커트 완성도를 높이는 데 중점을 둔다.

2. 학습목표

1) 두상 포인트 지점의 정확한 이해

- 원랭스 커트를 통해 학습한 분할점, 기준점 등 두상의 주요 지점을 보다 명확하게 인지하고 활용한다.

2) 사선섹션의 방향성과 구조적 의미를 이해한다

- 사선섹션(Diagonal Section)의 의미를 이해하고, 커트 시 섹션 방향이 형태에 미치는 영향을 정확히 파악한다.

3) 직각 분배의 빗질법 이해

- 직각분배 시 빗의 각도, 힘의 분산, 인체 위치를 고려한 정확한 빗질법을 습득한다.

4) 이동 가이드의 개념과 활용

- 이동 가이드(Mobile Guide)의 설정과 이를 따라 커트하는 테크닉을 체계적으로 이해한다.

5) 아웃라인 유지 커트 테크닉 익히기

- 아웃라인의 흐름과 경계선의 무게감을 유지하면서 균형 있게 커트하는 방법을 익히고, 실전에 적용한다.

6) 증가형 그라데이션 커트의 형태 이해

- 앞에서 뒤로 층이 증가하는 그라데이션 구조를 파악하고, 섹셔닝과 가이드 설정을 통해 이상적인 형태를 구현한다.

7) 프린지(앞머리)의 종류별 개념과 디자인 목적에 따라 응용할 수 있다

- 프린지(앞머리) 섹션의 위치와 구분을 이해하고, 다양한 프린지 형태별 특징과 디자인적 응용력을 기른다.

[Style number 6] 로우 그라데이션 커트 증가형

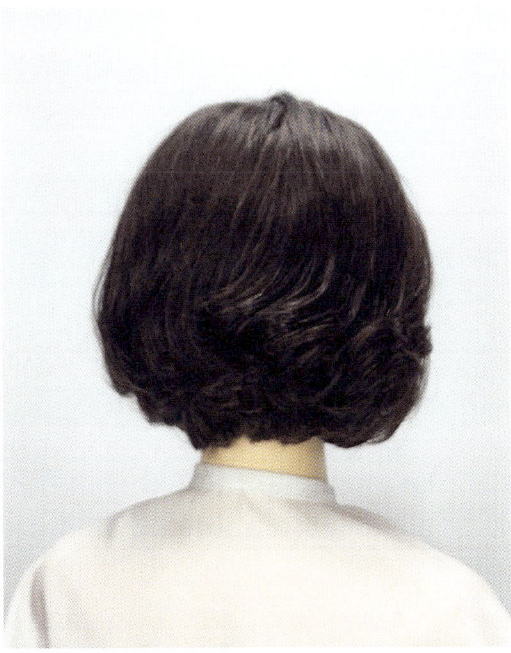

1. 커트 진행 방법 및 절차

두상구분 / 커트절차	후두부(Back)	측두부(Side)	프린지
형태	콘케이브 형태/전대각 형태		사이드 뱅
브로킹	E.T.E 기본 4등분 브로킹		F.S.P~C,T.M.P ~F.S.P 삼각섹션
섹션 및 파팅	전체 사선섹션		사선섹션
손가락 / 분배	직각분배 / 손가락 평행		직각분배/비평행
베이스	해당없음		해당없음
가이드 / 각도	두상각 15~30°의 이동가이드		리프트 다운

2. 커트 과정

1

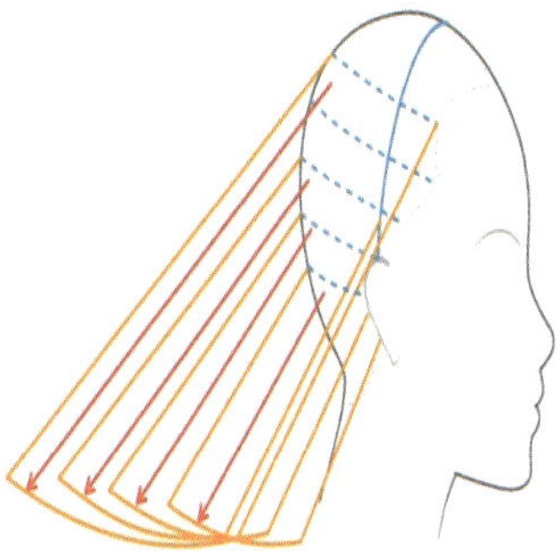

2

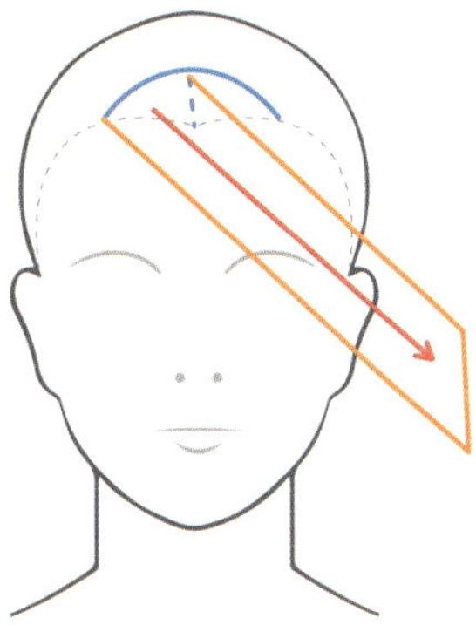

사선섹션 활용한 로우 그라데이션 중간형 도해도

3

① E.T.E 기본 4등분 브로킹한다.

4

② B.N.M.P~N.S.P까지 사선섹션한다.

5

③ N.P 5cm 가이드 설정하여 일자 커트한다.

6

④ ③의 가이드로 직각분배하여 아웃라인 유지하면서 LG(Low Gradation) 커트한다.

7

⑤ B.P~N.S.P 쪽으로 사선 파팅하고 N.S.P 안쪽으로 빗질하여 아웃라인 설정 커트한다.

8

9

⑥ ⑤의 가이드로 직각분배하여 아웃라인 유지하면서 백사이드에서 정중선 쪽으로 LG 커트한다.

⑦ 계속하여 사선섹션하고 N.S.P 안쪽으로 빗질하여 아웃라인 설정 커트한다.

⑧ ⑦의 가이드로 직각분배하여 아웃라인 유지하면서 백사이드에서 정중선 쪽으로 LG 커트한다.

⑨ 계속하여 E.B.P 쪽으로 사선섹션하고 동일하게 LG 커트한다.

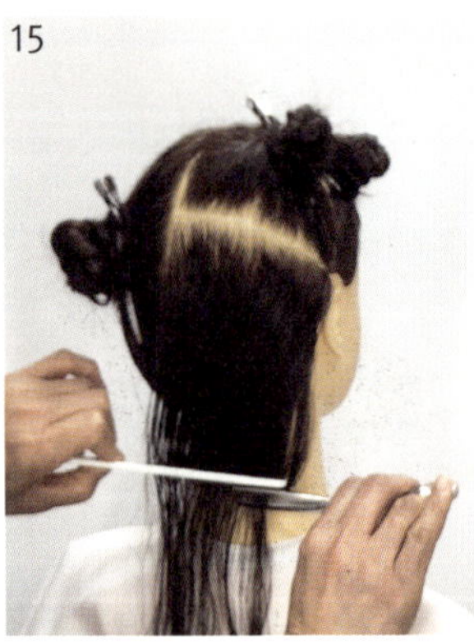

⑩ 계속하여 E.P쪽으로 사선섹션하고 동일하게 LG 커트한다.

18

19

20

⑪ G.P~S..C..P까지 사선섹션하고 N.S.P 안쪽으로 빗질하여 아웃라인 설정 커트한다.

⑫ ⑪을 E.B.P쪽으로 빗질하여 아웃라인 체크 커트한다.

21

22

23

⑬ ⑫의 가이드로 직각분배하여 아웃라인 유지하면서 사이드에서 정중선 쪽으로 LG 커트한다.

24

25

26

⑭ 계속하여 사선섹션하고 동일하게 커트한다.

27

28

29

⑮ 나머지도 동일하게 커트한다.

30

31

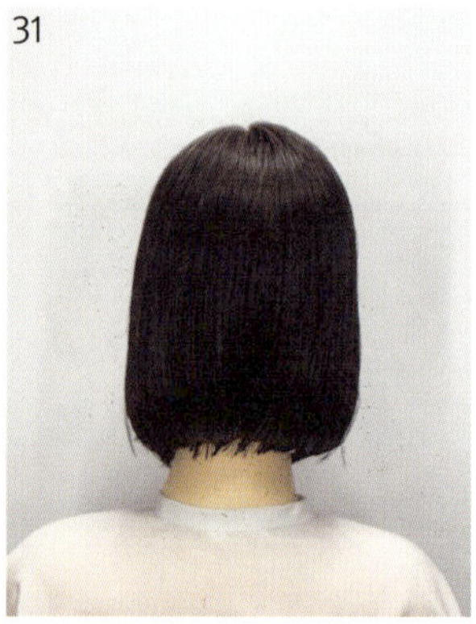

32

33

34

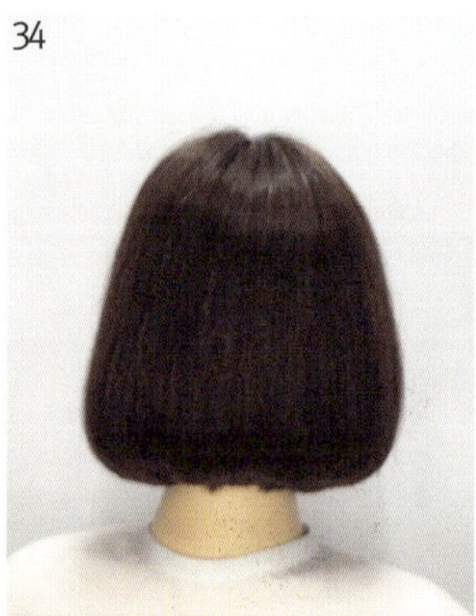

35

36

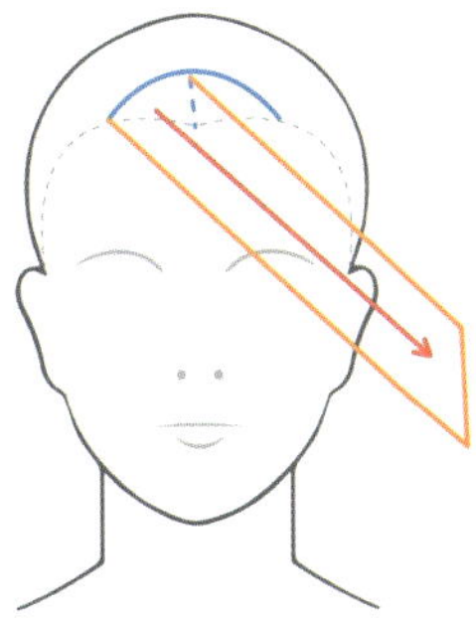

프린지 - 롱 사이드 뱅

37

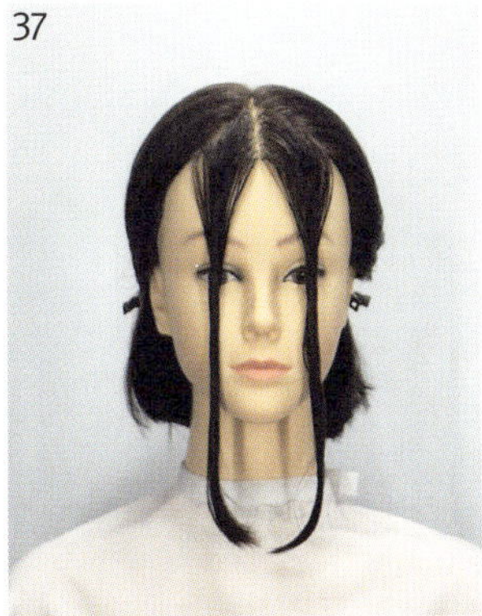

① F.S.P~C.T.M.P~F.S.P 삼각섹션한다.

38

② 반대쪽으로 45도 빗질하여 F.S.P 길이를 가이드로 리프트다운 수직으로 커트한다.

39

40

41

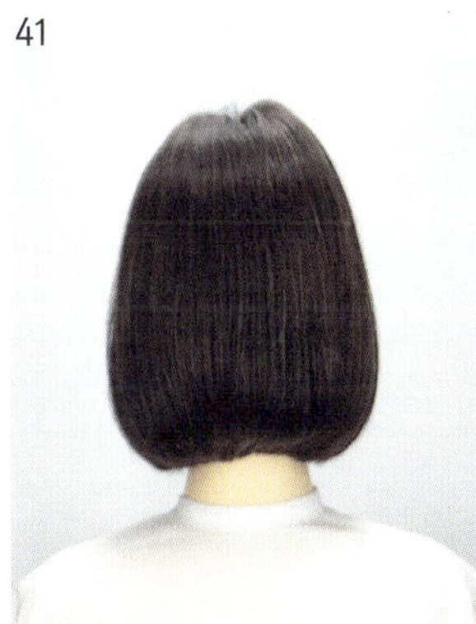

42

43

44

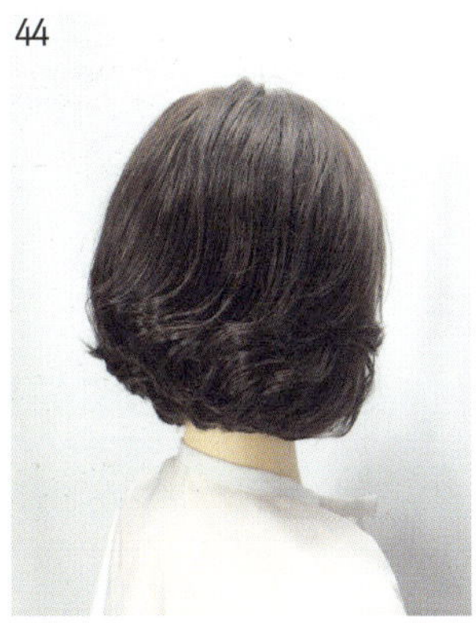

[Style number 7] 미디움 그라데이션 커트 증가형

1. 커트 진행 방법 및 절차

두상구분 / 커트절차	후두부(Back)	측두부(Side)	프린지
형태	콘케이브 형태 / 전대각 형태		없음
브로킹	기본 E.T.E 4등분 브로킹		없음
섹션 및 파팅	전체 사선섹션		없음
손가락 / 분배	직각분배 / 손가락 평행		없음
베이스	해당없음		
가이드 / 각도	두상각 35~45°의 이동가이드		

2. 커트 과정

1

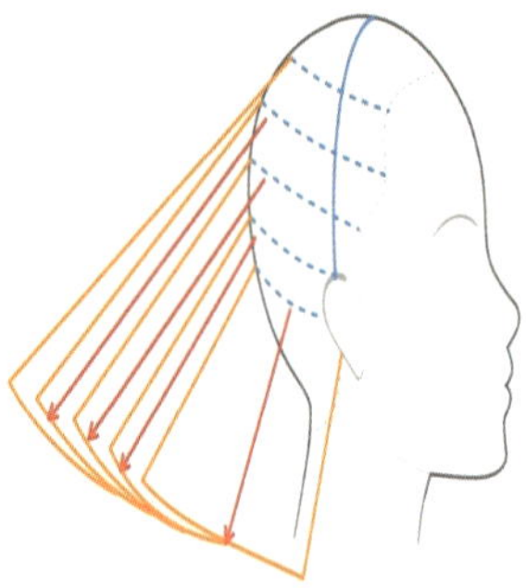

2

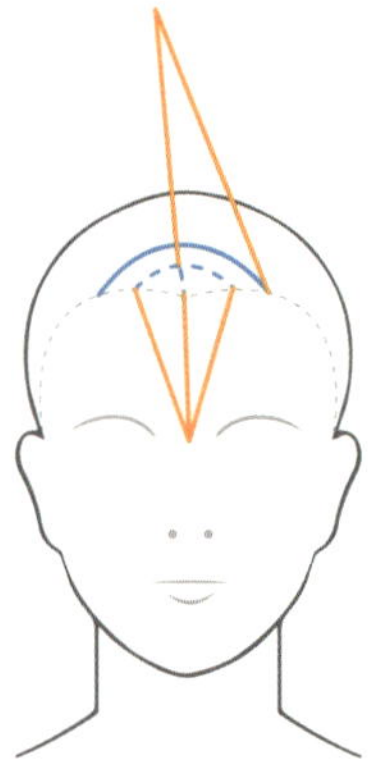

사선섹션 활용한 미디움 그라데이션 증가형 도해도

3

① E.T.E 기본 4등분 브로킹한다.

4

5

② B.N.M.P~N.S.P까지 사선섹션하고
N.P 5cm 가이드 설정하여 일자 커트한다.

6

③ ②의 가이드로 직각분배하여
아웃라인 유지하면서
MG(Medium Gradation)
커트한다.

7

④ B.P~N.S.P쪽으로 사선섹션하
고 N.S.P 안쪽으로 빗질하여
아웃라인 설정 커트한다.

8

9

⑤ ④의 가이드로 직각분배하여 아웃라인 유지하면서
백사이드에서 정중선 쪽으로 MG 커트한다.

10

11

⑥ 계속하여 사선섹션하고 N.S.P 안쪽으로 빗질하여 아웃라인 설정 커트한다.

⑦ ⑥의 가이드로 직각분배하여 아웃라인 유지하면서 백사이드에서 정중선 쪽으로 MG 커트한다.

12

13

14

⑧ 계속하여 E.B.P 쪽으로 사선섹션하고 동일하게 MG 커트한다.

15

16

17

⑨ 계속하여 E.P 쪽으로 사선섹션하고 동일하게 MG 커트한다.

18

19

20

⑩ G.P~S.C.P까지 사선섹션하고 N.S.P 안쪽으로 빗질하여 아웃라인 설정 커트한다.

⑪ ⑩을 E.B.P쪽으로 빗질하여 아웃라인 체크 커트한다.

21

22

23

후두부와 측두부의 연결 확인한다.

⑫ ⑪의 가이드로 직각분배하여 아웃라인 유지하면서 측두부에서 정중선 쪽으로 MG 커트한다.

24

25

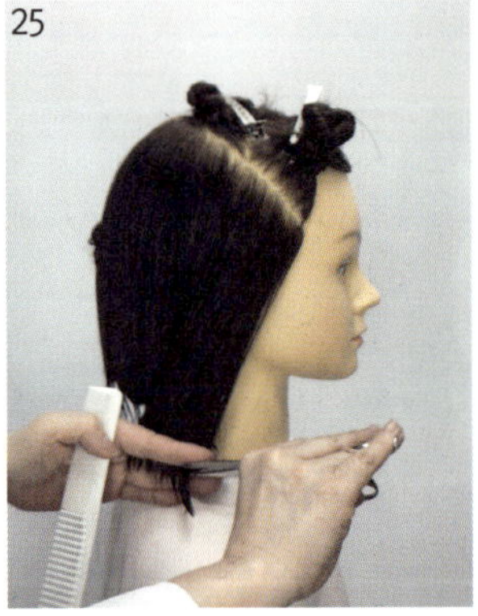

26

⑬ 계속하여 사선섹션하고 동일하게 커트한다.

27

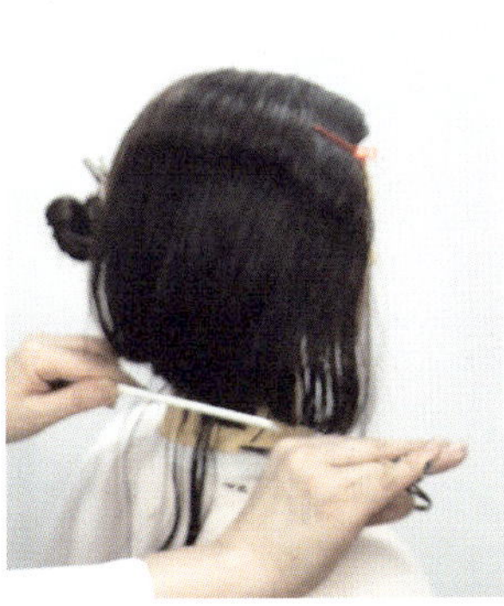

28

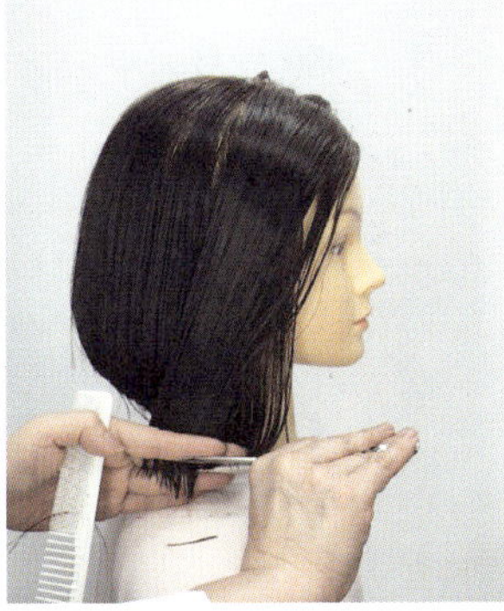

29

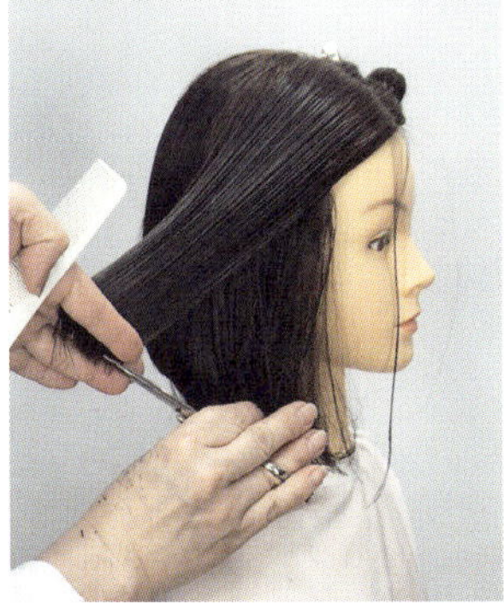

⑭ 나머지도 동일하게 커트한다.

30

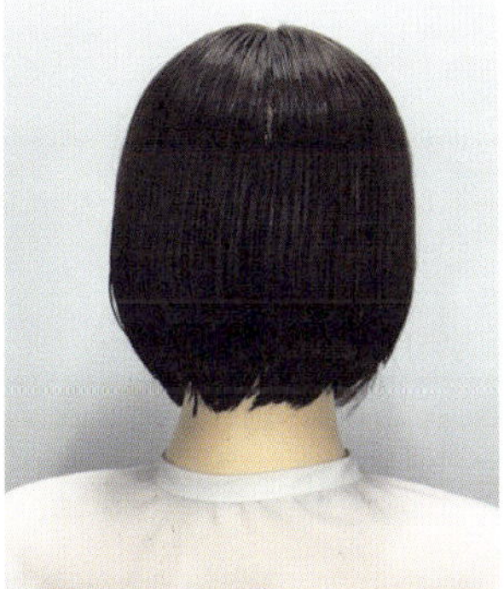

31

32

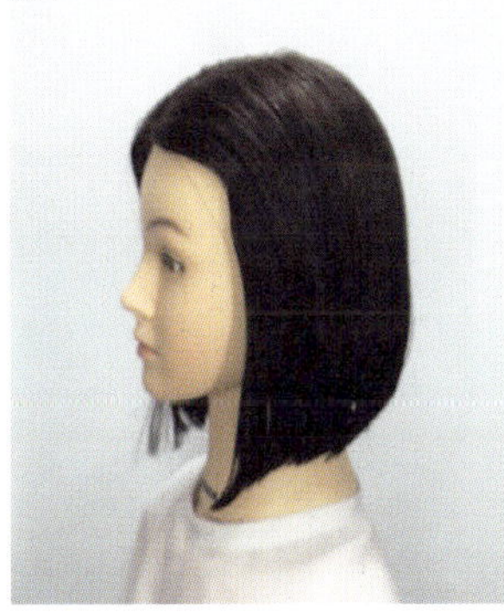

33

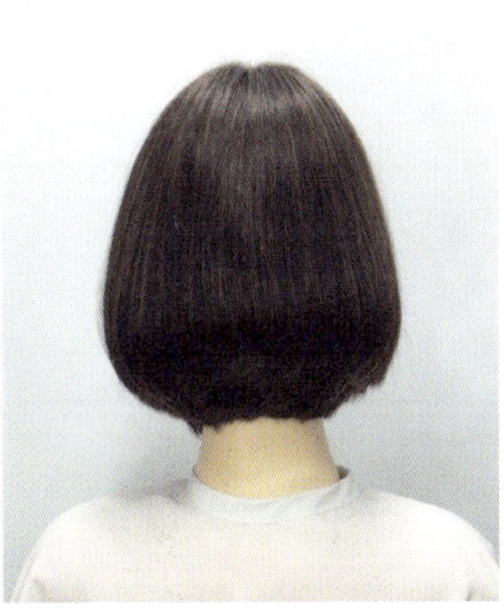

34

35

36

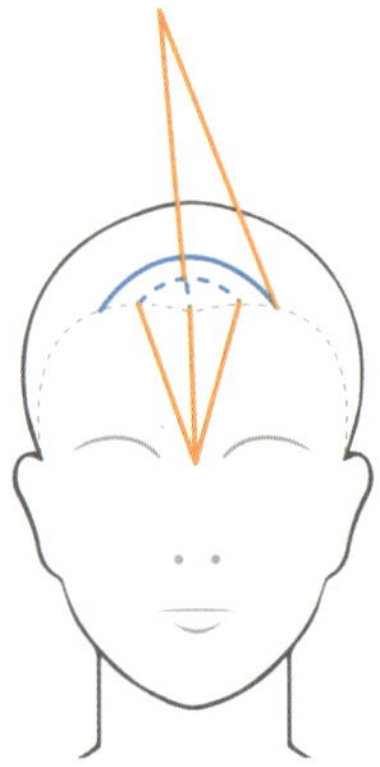

시스루 사이드뱅 도해도

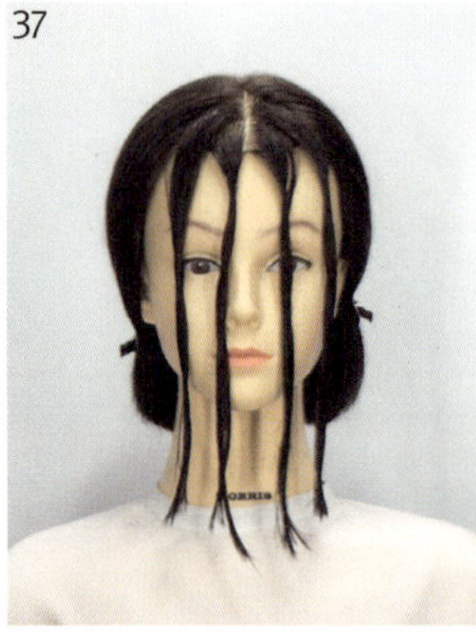

① F.S.P~C.T.M.P~F.S.P 삼각 색션하고 1/2로 파팅 나눈다.

② 첫 번째 파팅 반대방향으로 45도 빗질하여 일자커트한다.

③ 반대편도 동일하게 커트한다.

첫 번째 파팅 시스루뱅 완성작

④ 나머지 파팅 위로 방향분배하여 F.S.P 길이를 가이드로 정중선에서 평면 커트한다.

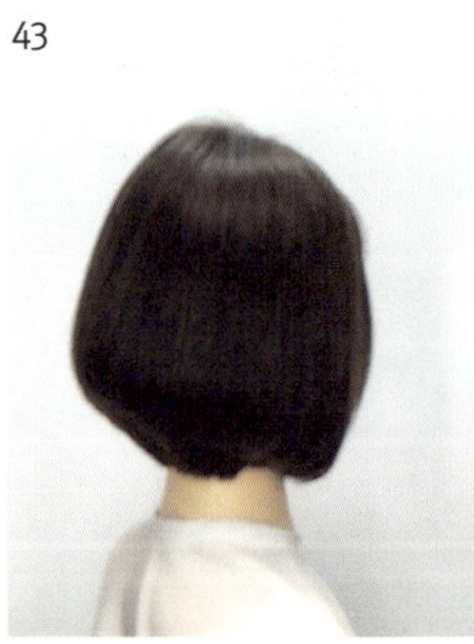

45

46

47

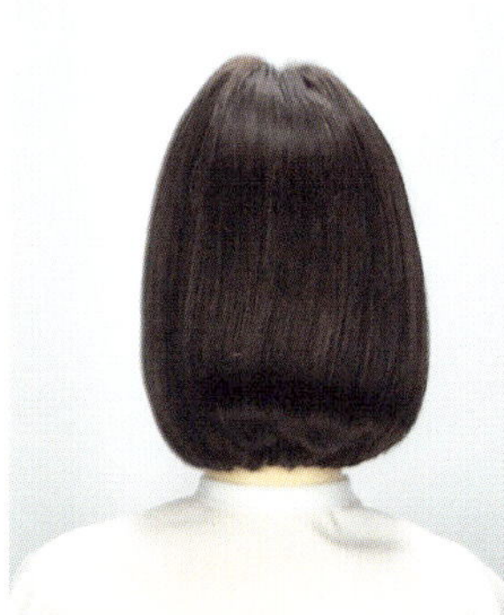

48

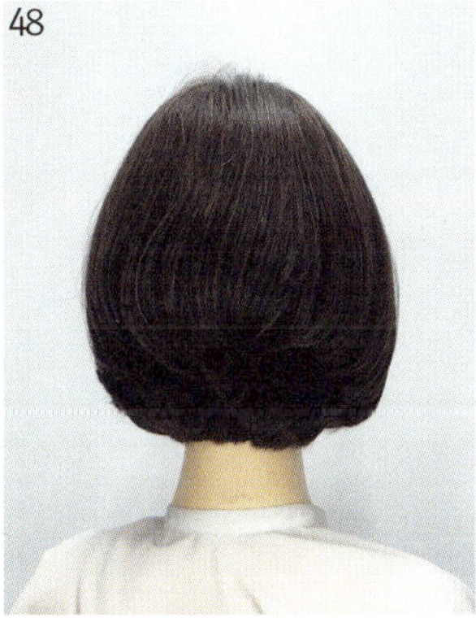

49

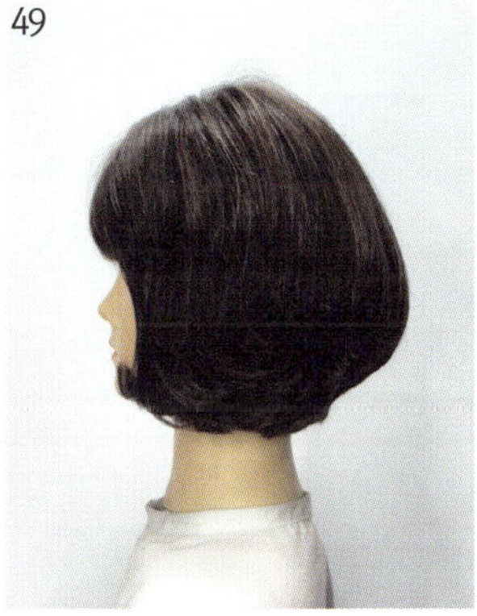

50

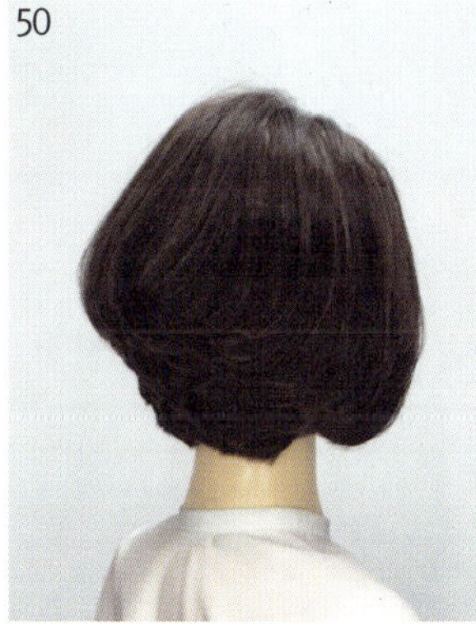

51

52

53

[Style number 8] 하이 그라데이션 커트 증가형

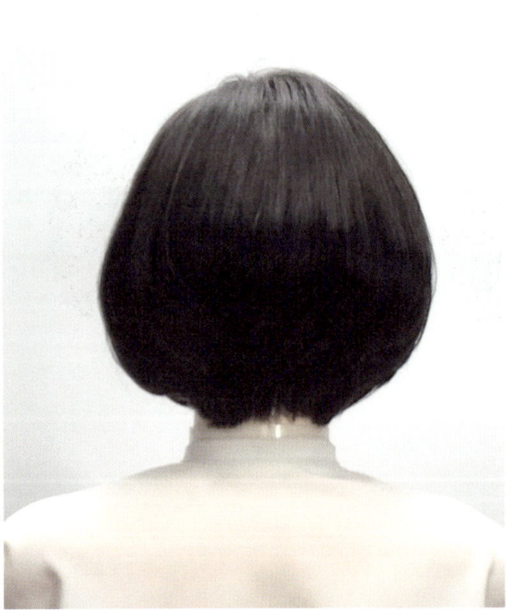
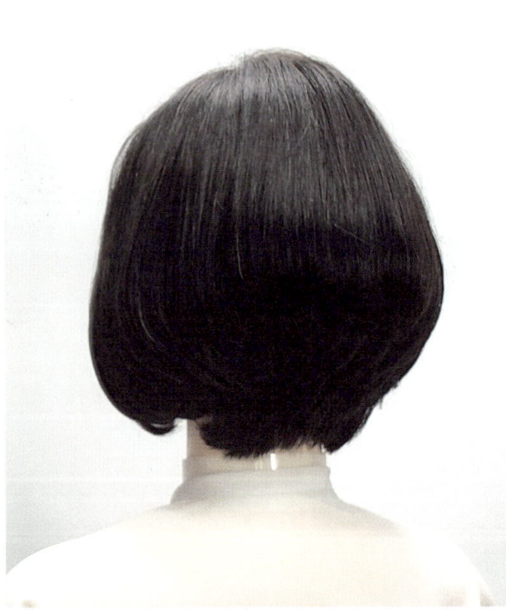

1. 커트 진행 방법 및 절차

두상구분 / 커트절차	후두부(Back)	측두부(Side)	프린지
형태	콘케이브 형태/전대각 형태		시스루+사이드뱅
브로킹	기본 E.T.E 4등분 브로킹		C.P~C.T.M.P 삼각섹션
섹션 및 파팅	전체 사선섹션		사선 파팅
손가락 / 분배	직각분배 / 손가락 평행		직각분배 / 비평행
베이스	해당없음		해당없음
가이드 / 각도	두상각 61~80도 / 이동가이드		리프트 다운

2. 커트 과정

1

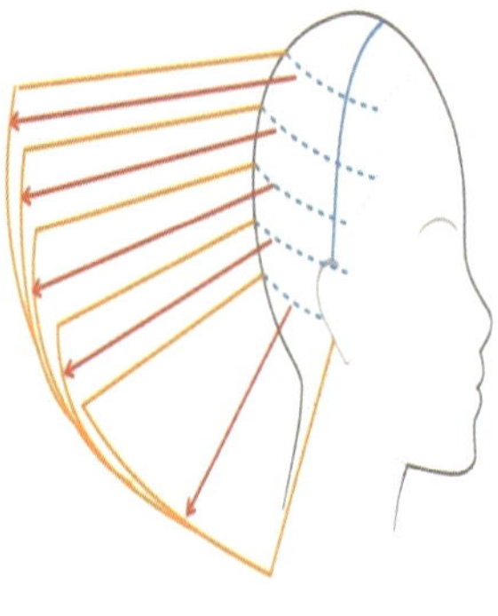

2

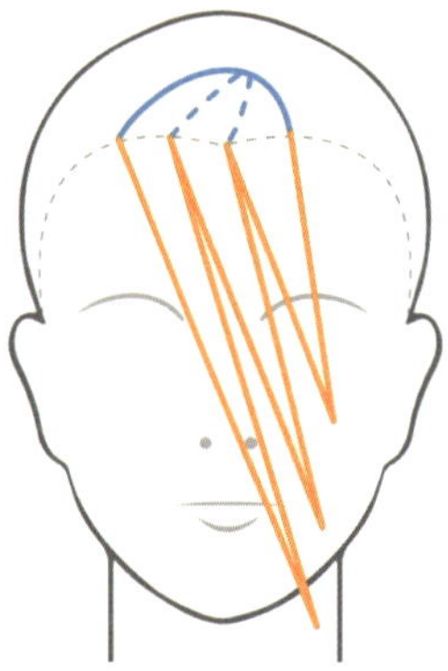

사선섹션을 활용한 하이 그라데이션 증가형 도해도

3

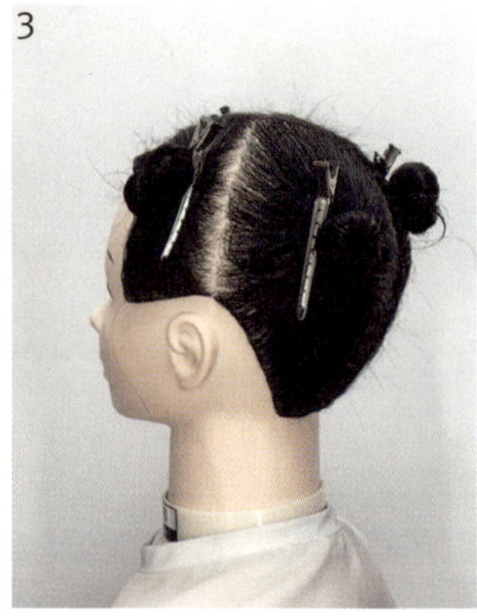

① E.T.E 기본 4등분 브로킹한다.

4

5

② B.N.M.P~N.S.P 사선섹션하고
N.P 5cm 가이드 설정 일자 커트한다.

6

③ ②의 가이드로 직각분배하여
아웃라인 유지하면서
HG(Hilgh Gradation)
커트한다.

7

④ B.P~N.S.P 쪽으로 사선섹션하고
N.S.P 안쪽으로 빗질하여 아웃라인
설정 자연분배 커트한다.

8

⑤ ④의 가이드로 직각 분배하여
아웃라인 유지하면서 백사이드에서
정중선 쪽으로 HG 커트한다.

9

10

⑥ 계속하여 사선섹션하고 N.S.P
안쪽으로 빗질하여 아웃라인
설정 커트한다.

⑦ ⑥의 가이드로 직각분배하여 아웃라인
유지하면서 백사이드에서 정중선 쪽으로
HG 커트한다

11

12

13

⑧ 계속하여 E.B.P 쪽으로 사선섹션하고 동일하게 HG 커트한다.

14

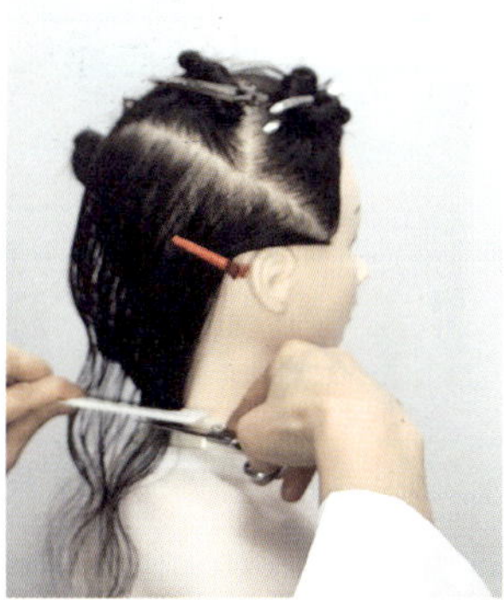

15

16

⑨ G.P~S.C.P까지 사선섹션하고 N.S.P 안쪽으로
빗질하여 아웃라인 설정 커트 후
E.B.P에서 아웃라인 체크 커트한다.

⑩ ⑨의 가이드로 직각분배하여
아웃라인 유지하면서
측두부에서 정중선 쪽으로
HG 커트한다.

17

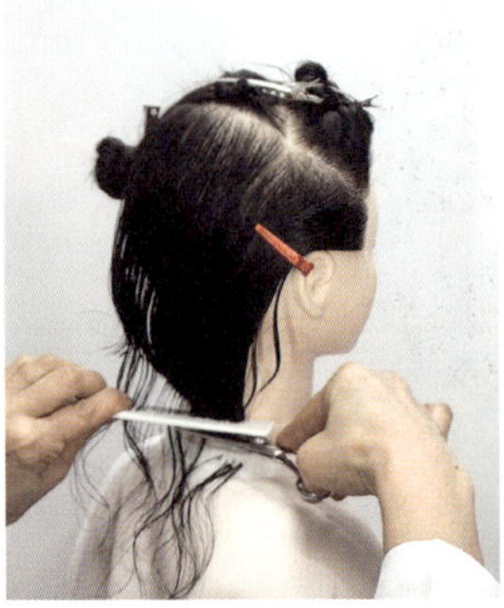

18

19

⑪ 계속하여 사선섹션하고 동일하게 HG 커트한다.

20

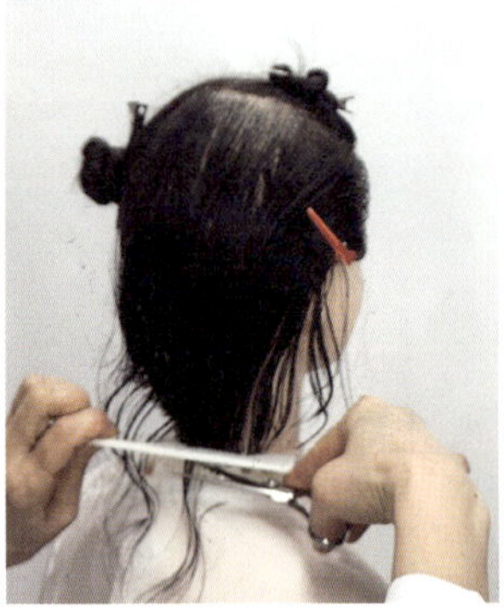

21

22

⑫ 계속하여 사선섹션하고 동일하게 HG 커트한다.

23

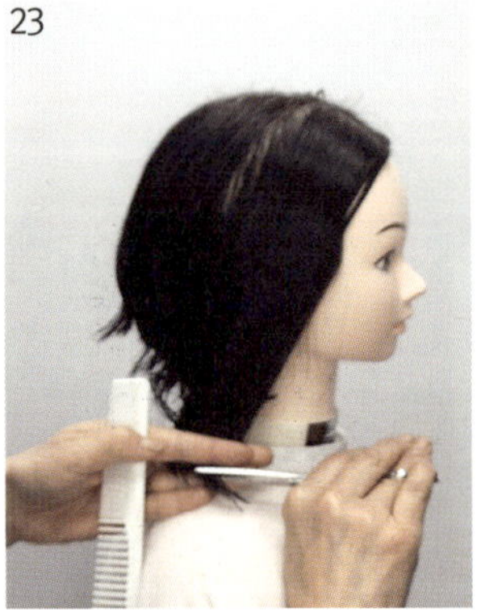

24

25

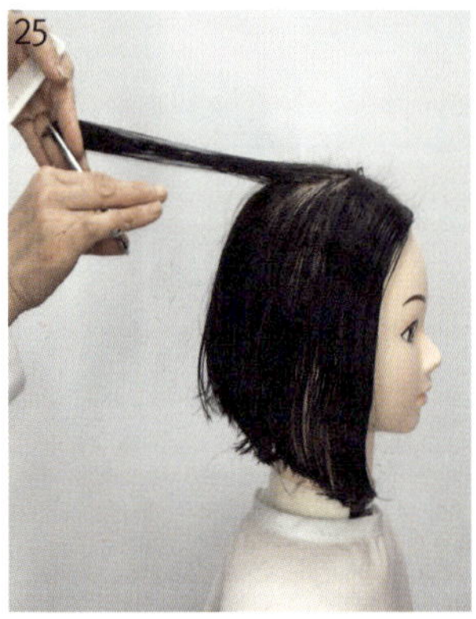

⑬ 나머지도 동일하게 커트한다.

26

27

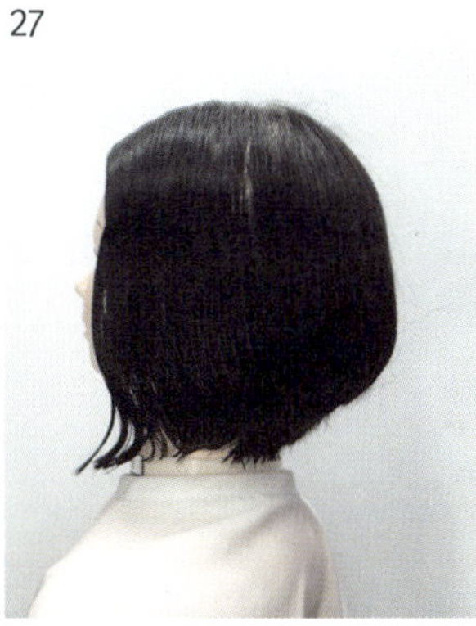

28

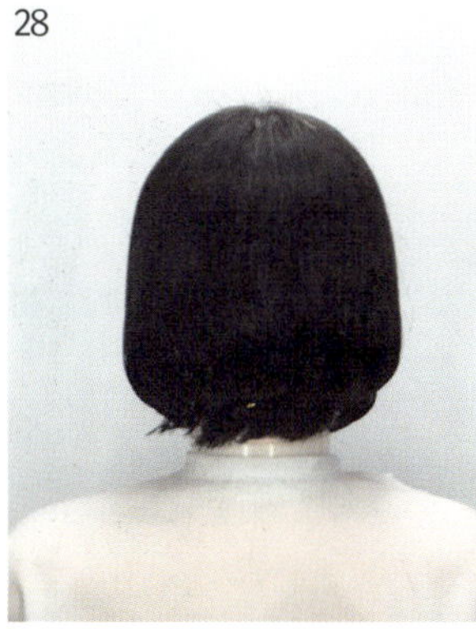

29

30

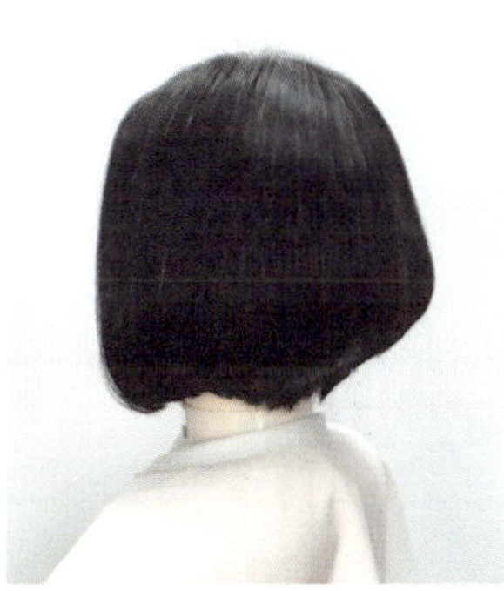

31

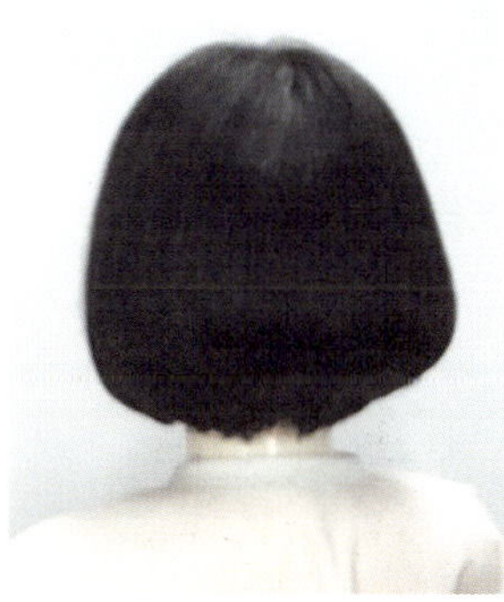

32

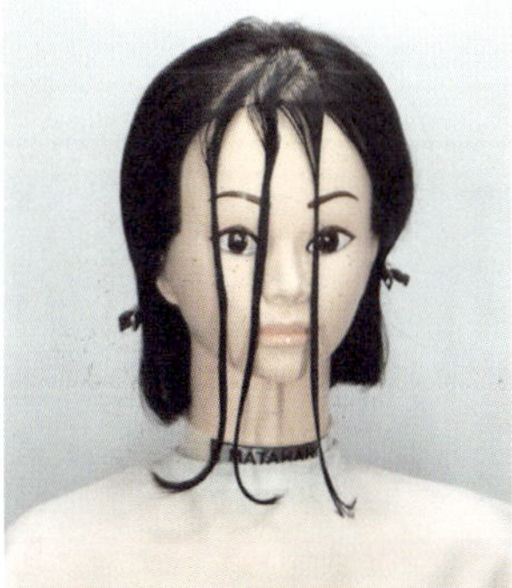

33

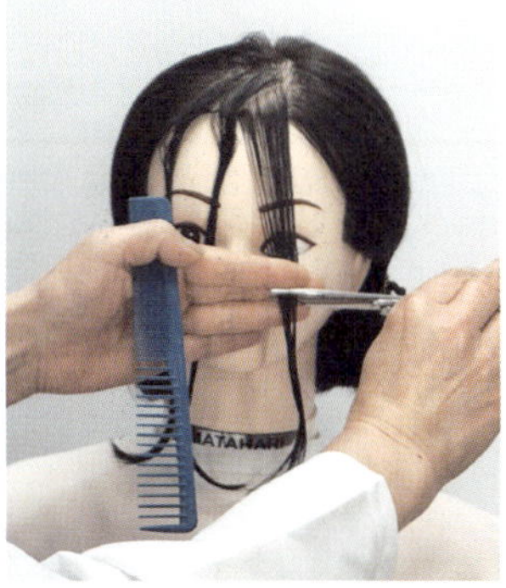

34

① 왼쪽 가르마하여
C.T.M.P~F.S.P까지 삼각섹션 후
3등분한다.

② 프린지 첫 번째 파팅 왼쪽 가르마에서 위로 2cm와
C.P까지 나눈 후 직각분배하고 일자 커트한다.

35
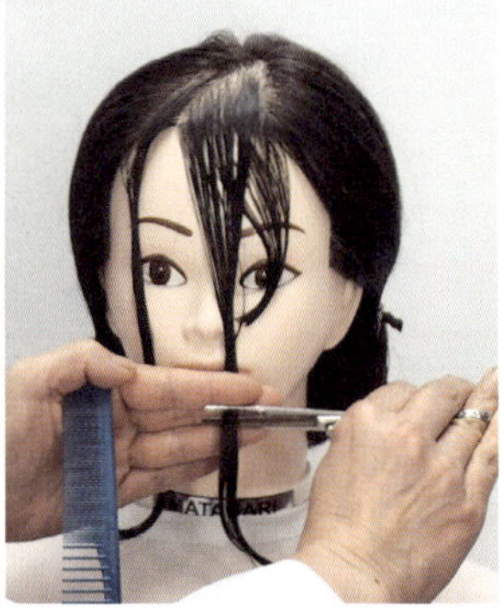
36

③ 프린지 두 번째 파팅 C.P와 F.S.P의 1/2과 C.T.M.P까지 파팅 후
직각분배하고 ②번보다 길게 하여 모아서 일자 커트한다.

37

38

39

④ 나머지 프린지도 직각분배하고 ③번보다 길게 모아서 일자 커트한다.

40

41

42
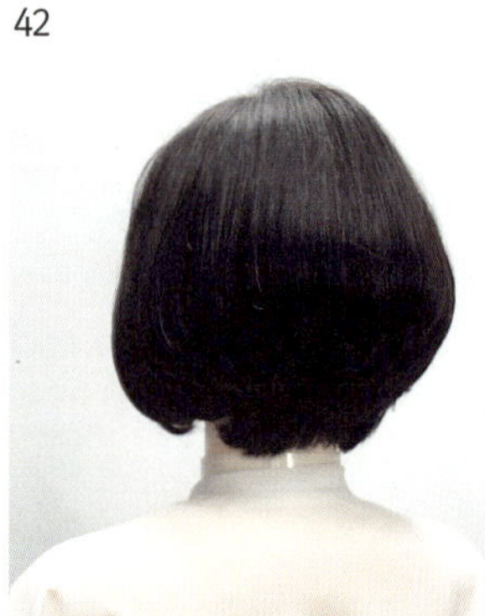

학습자 체크리스트

단원명: Chapter 2. 증가형 그라데이션 커트의 구조 이해와 테크닉 습득

항목	학습 내용	이해 했나요? ✓	실습해 봤나요? ✓	자신 있어요? ✓
1. 두상 포인트 지점 이해	정중선, 후두부, 크라운 등 주요 분할점과 기준점을 정확히 설명할 수 있다.	☐	☐	☐
2. 사선섹션의 개념	사선섹션(Diagonal Section)의 정의와 방향성에 따른 형태 변화 원리를 설명할 수 있다.	☐	☐	☐
3. 사선섹션 적용	커트 시 사선섹션을 정확한 방향으로 나누고 섹셔닝할 수 있다.	☐	☐	☐
4. 직각 분배 빗질법	직각 분배 시 빗의 방향과 힘의 분산을 이해하고, 인체 위치에 맞춰 정확히 빗질할 수 있다.	☐	☐	☐
5. 이동 가이드 이해와 적용	이동 가이드(Mobile Guide)의 개념과 설정 원리를 설명하고 이동 가이드를 따라 정확하게 커트할 수 있다.	☐	☐	☐
6. 아웃라인 유지 커트 테크닉 이해	아웃라인의 흐름을 유지하며 균형 있게 커트할 수 있다.	☐	☐	☐
7. 증가형 그라데이션 구조 이해	앞에서 뒤로 점진적으로 층이 높아지는 구조의 원리를 설명할 수 있다.	☐	☐	☐
8. 스타일별 특징 구분	증가형 그라데이션을 기준 섹션, 가이드에 따라 로우/미디움/하이 그라데이션 비교 구현할 수 있다.	☐	☐	☐
9. 프린지 섹션 응용 이해	프린지(앞머리)의 위치와 구분을 명확히 설명하고 시스루/사이드 뱅 커트 방식에 응용할 수 있다.	☐	☐	☐

제2부 여성 베이직 살롱 디자인 커트 실기

Chapter 3 베이직 레이어

[Style number 9] 롱 레이어 커트 스퀘어 라인

[Style number 10] 롱 레이어 커트 라운드 라인

[Style number 11] 미디움 레이어 커트 응용

Chapter 3 베이직 레이어

롱 레이어 커트 스퀘어 라인(119p)

롱 레이어 커트 라운드 라인(126p)

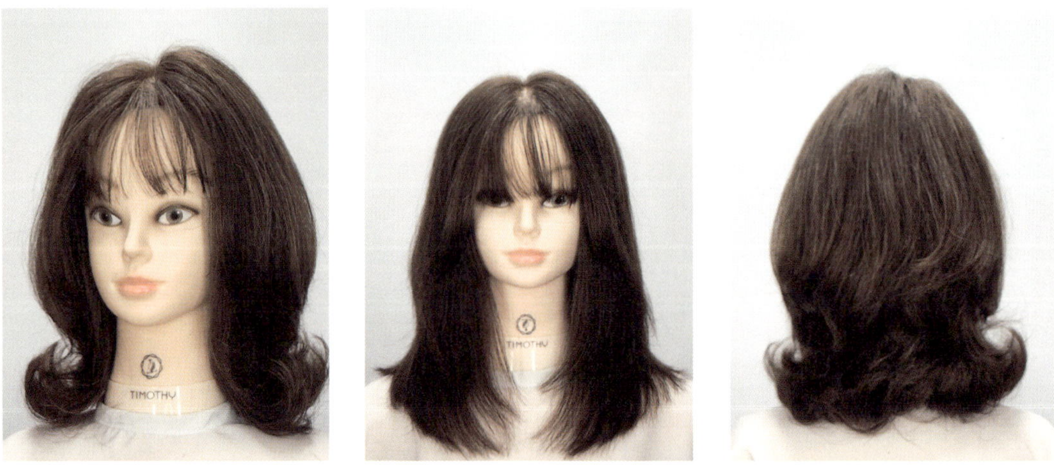

미이움 레이어 커트 응용(132p)

1. 레이어 커트의 개요와 특징

1) 개요

레이어 커트(Layer Cut)는 90도 이상의 높은 시술 각도를 적용하여, 다양한 층을 만들어 자연스럽고 유연한 실루엣을 연출하는 커트 기법이다. 무겁게 가라앉는 느낌을 방지하고, 모발의 볼륨감과 움직임을 살려주는 것이 특징이며, 다양한 스타일로의 변형이 가능하다.

2) 레이어 커트의 특징

- **자연스러운 볼륨감:** 모발의 길이에 따라 층을 나누어 부드러운 볼륨을 형성한다.
- **얼굴형 보완 효과:** 층의 위치 조절을 통해 이마, 광대, 턱선 등을 커버하며 얼굴형을 보완할 수 있다.
- **스타일링 용이:** 볼륨과 웨이브 연출에 적합해 손질이 간편하고 핸드드라이만으로도 완성도 높은 스타일링이 가능하다.
- **가벼운 실루엣 연출:** 무거운 느낌의 일자 커트와 달리, 가볍고 자연스러운 움직임이 표현된다.
- **모발의 양감 조절 가능:** 많은 양의 모발도 층을 통해 무게감을 줄여내어 가벼운 느낌을 줄 수 있다.
- **두상 보정 효과:** 층의 분포를 활용하여 납작한 후두부나 튀어나온 정수리 등의 형태를 보완할 수 있다.
- **헤어컬러와의 조화:** 레이어 구조는 하이라이트, 발레아쥬 등 컬러 기법과 조합 시 컬러의 입체감과 명암 표현이 더욱 돋보인다.
- **다양한 길이와 조화 가능:** 단발, 미디움, 롱 스타일 모두에 적용할 수 있어 활용도가 높으며, 전체 레이어 또는 부분 레이어 형태로도 커트할 수 있다.
  → 유니폼 레이어 (Uniform Layer)
  → 인크리스 레이어 (Increase Layer)
  → 스퀘어 레이어 (Square Layer)
  로 세분화된다.

※ 본 교육 과정에서는 유니폼 레이어와 스퀘어 레이어를 활용하여

- 롱 레이어 커트
- 미디움 레이어 커트

를 기본 구성으로 학습한다.

2. 학습 목표

1) 레이어 커트의 구조적 이해

- 유니폼/스퀘어 레이어의 형태적 차이와 기능을 설명할 수 있다.

2) 아웃라인을 유지하면서 층을 부여하는 원리 숙지

- 원랭스 기반의 아웃라인을 무너뜨리지 않으면서 자연스럽게 레이어를 넣는 방법을 학습한다.

3) 다양한 파팅 기법의 적용 능력 향상

- 세로, 피봇, 삼각 파팅을 구분하고, 스타일에 따라 적절히 적용할 수 있다.

4) 방향 분배(Direction Distribution)의 이해

- 모발이 떨어지는 자연 방향과 인위적 분배 방향의 차이를 인식하고, 커트에 어떻게 적용되는지를 학습한다.

5) 베이스 방식에 따른 형태 변화 이해

- 온베이스, 오버다이렉션에 따른 볼륨·길이·실루엣의 변화를 파악하고 디자인에 활용한다.

6) 두상 형태와 커트 각도 분석 능력 향상

- 두상의 곡면과 방향에 따라 리프트 업· 가이드 각도를 설정할 수 있다.

7) 단계별 섹션 진행 절차 숙지

- 롱/미디움 레이어 스타일의 섹션별 커트 진행 순서를 이해하고 실습에 적용한다.

8) 안정적인 실습 자세와 커트 흐름 유지

- 손의 위치, 시야, 커트 각도를 안정적으로 유지하여 자연스러운 레이어 흐름을 구현한다.

[Style number 9] 롱 레이어 커트 스퀘어 라인

1. 커트 진행 방법 및 절차

두상구분 / 커트절차	후두부(Back)	측두부(Side)	프린지
형태	스퀘어 형태		레이어 형태
브로킹	E.T.E 기본 4등분 브로킹		T.P~E.P까지
섹션 및 파팅	언더, 미들, 오버, 탑 섹션 / 세로, 사선, 피봇 파팅		E.P 중심으로 피봇 파팅
손가락 / 분배	방향분배/손가락 평행		변이분배/비평행
베이스	OD(Over Direct)		OD(Over Direct)
가이드 / 각도	두상각 90도 이상 / 이동가이드		리프트다운 / 이동가이드

2. 커트 과정

1

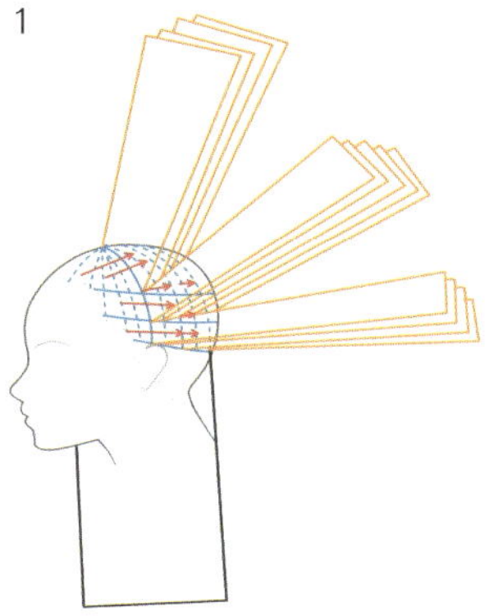

세로 섹션을 활용한 롱레이어 커트 스퀘어 라인 도해도

2

[Style number 1] 원랭스 스퀘어 라인의 아웃라인은 유지한다.

3

① S.P~G.B.M.P까지 미들섹션 나눈다.

4

② 2cm 세로 파팅하고 온 베이스 L(Layer) 커트한다.

5

③ 두 번째 파팅 ②로 OD하여 L 커트한다.

6

④ 세 번째 파팅 ③으로 OD하여 L 커트한다.

7

8

⑤ 나머지 파팅 모두 ④로 OD하여 L 커트한다. (N.S.L 넘어가지 않게 커트한다)

9

⑥ 측두부 ⑤와 동일하게 커트한다.

⑦ F.S.P~G.P까지 오버섹션 나누고 온 베이스로 L 커트한다.

⑧ 두 번째 파팅 ⑦로 OD하여 L 커트한다.

⑨ 세 번째 파팅 ⑧로 OD하여 L 커트한다.

⑩ 나머지 파팅 모두 ⑨로 OD하여 L 커트한다.
(N.S.L을 넘어가지 않게 커트한다)

⑪ 측두부 모두 ⑩과 동일하게 커트한다.

나머지 탑 섹션 피봇 파팅한다.

⑫ 첫 번째 파팅 온베이스 L 커트한다.
(두상의 곡면이 크므로 곡면에 따라 나누어서 90도로 커트한다)

⑬ 두 번째 파팅 ⑫로 OD하여 L 커트한다.
(두상의 곡면이 크므로 곡면에 따라 나누어서 90도로 커트한다)

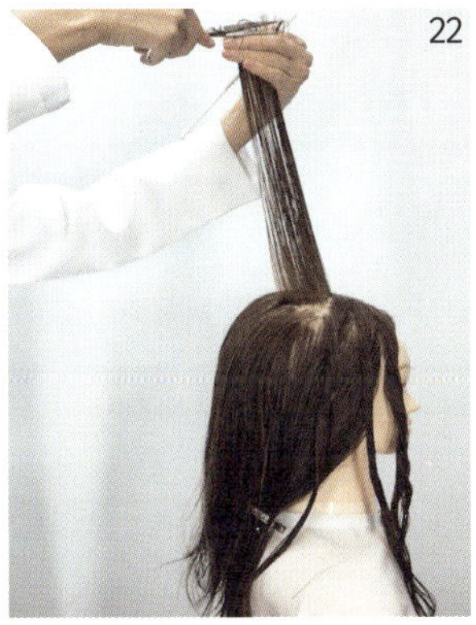

⑭ 세 번재 파팅 ⑬으로 OD하여 L 커트한다.
(두상의 곡면이 크므로 곡면에 따라 나누어서 90도로 커트한다)

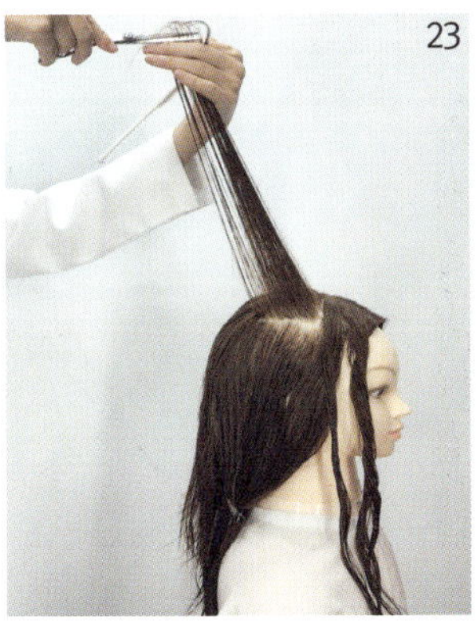

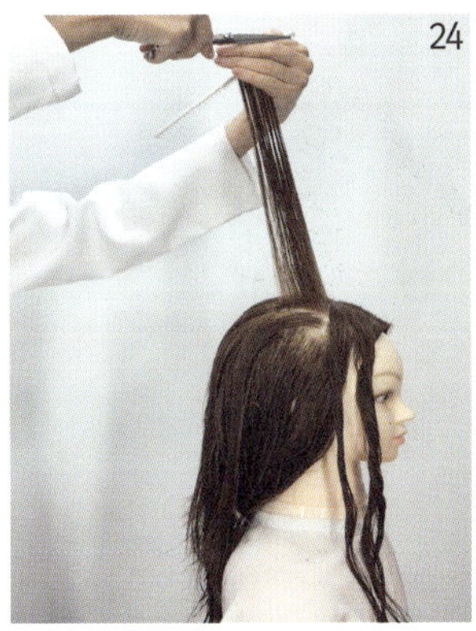

⑮ 나머지 파팅 모두 ⑭로 OD하여 L 커트한다.
(N.S.L을 넘어가지 않게 커트한다)

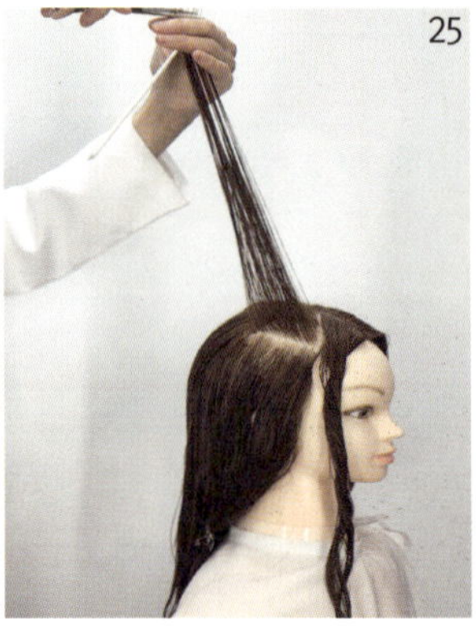

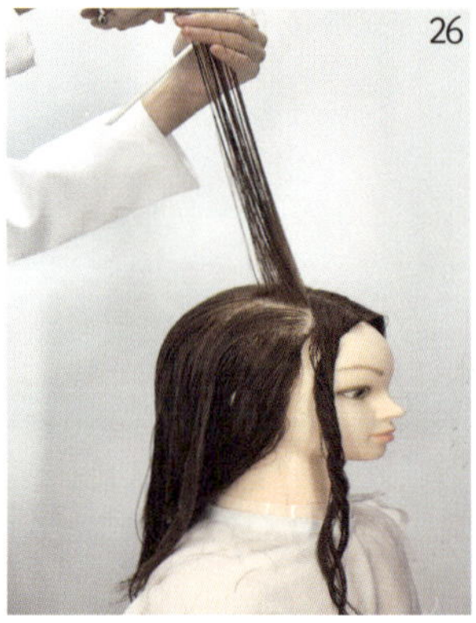

⑯ 나머지 전두부 ⑭로 OD하여 L 커트한다.
(N.S.L을 넘어가지 않게 커트한다)

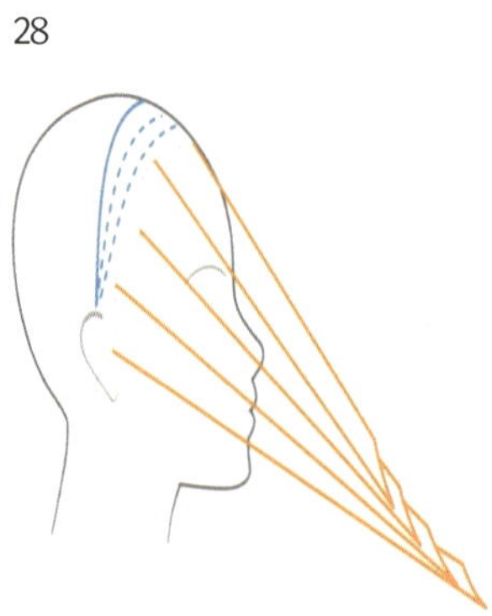

⑰ 페이스라인 E.P 중심으로
피봇 섹션으로 나눈다.

⑱ 2cm 삼각 파팅하고
직각분배 L 커트한다.

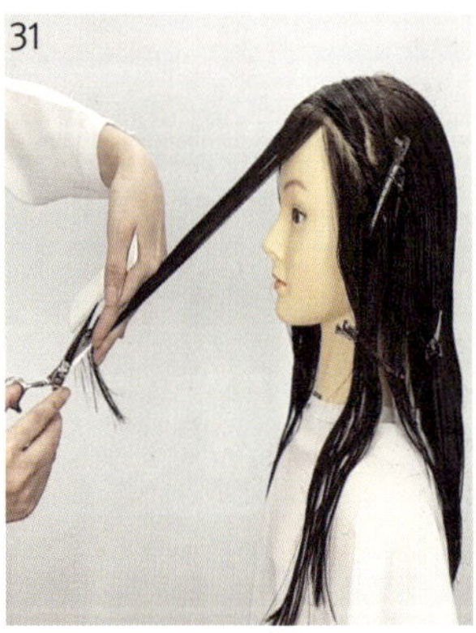

⑲ 두 번째 파팅 ⑱을 가이드로
직각분배 L 커트한다.

⑳ 나머지 동일하게 커트한다.
(가이드라인이 유지될 수 있게 반대방향으로 빗질하여 커트한다)

34

35

36

㉑ 두 번째 섹션 첫 번째 섹션보다 더 OD하여 레이어 커트한다.

37

38

㉒ 마지막 섹션 두 번째 섹션보다 OD하여 레이어 커트한다.

39

40
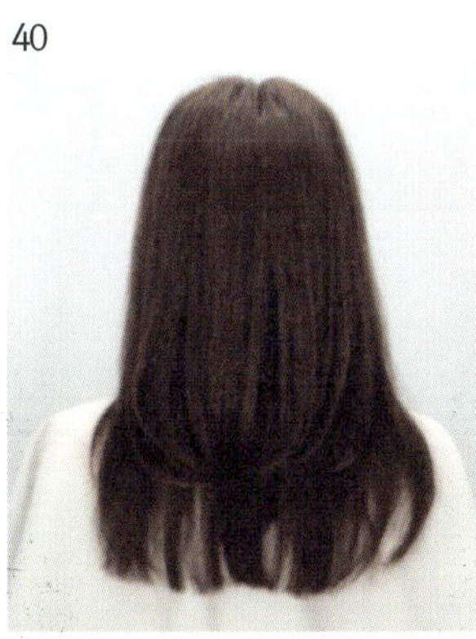
41

[Style number 10] 롱 레이어 커트 라운드 라인

1. 커트 진행 방법 및 절차

두상구분 / 커트절차	후두부(Back)	측두부(Side)	프린지
형태	라운드 형태/스퀘어 형태		레이어
브로킹	E.T.E 기본 4등분 브로킹		T.P~E.P까지
섹션 및 파팅	언더, 미들, 오버, 탑 섹션/세로 파팅		E.P 중심으로 피봇 파팅
손가락 / 분배	방향 분배 / 평행		변이분배 / 비평행
베이스	OD(Over Direct)		OD(Over Direct)
가이드 / 각도	두상각 90도 이상 / 이동가이드		리프트다운 / 이동가이드

2. 커트 과정

1

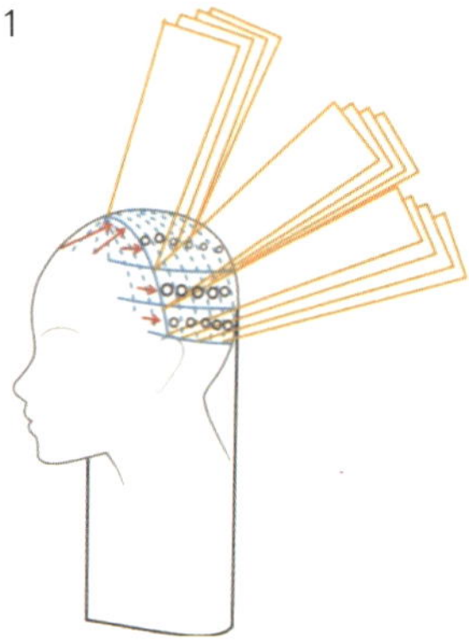

세로 섹션을 활용한 롱레이어 커트 라운드라인 도해도

2

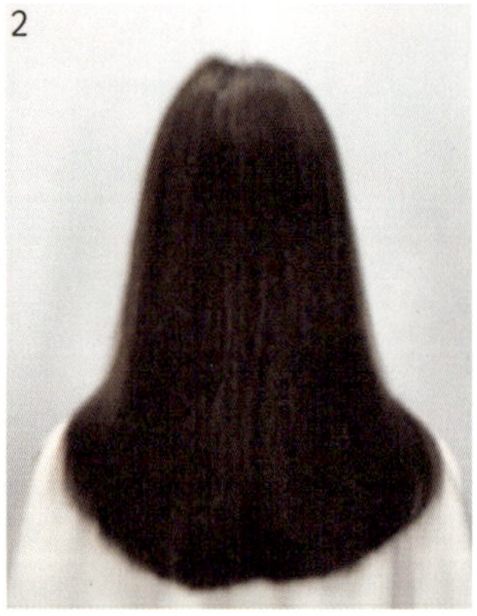

[Style number 2] 원랭스 라운드라인의 아웃라인은 유지한다.

3

① S.P~B.P까지 언더섹션 나눈 후 아웃라인 유지한다.

4

5

② S.P~G.B.M.P까지 미들섹션 나눈 후 세로 2cm 파팅하여 B.P 가이드로 온 베이스 L 커트한다.

6

③ 측중선까지 동일하게 온 베이스 L 커트한다.

7

8

④ F.S.P~G.P까지 오버섹션 나눈 후 G.B.M.P 가이드로 온 베이스 L 커트한다.

9

⑤ 측중선 쪽은 아웃라인 유지를 위해 뒤로 OD하여 L 커트한다.

⑥ 측두부 첫 번째 파팅 측중선 쪽으로 OD하여 커트한다.

⑦ 두 번째 파팅 첫 번째로 OD하여 커트한다.

⑧ 세 번째 파팅 두 번째로 OD하여 커트한다.

나머지 탑 섹션 피봇 파팅한다.

⑨ 두상의 곡면이 심한 부분이므로 나누어서 온 베이스 L 커트한다.

⑩ 계속하여 측중선까지 동일하게 커트한다.
(두상의 곡면을 따라 나누어서 두상각 90도로 커트한다)

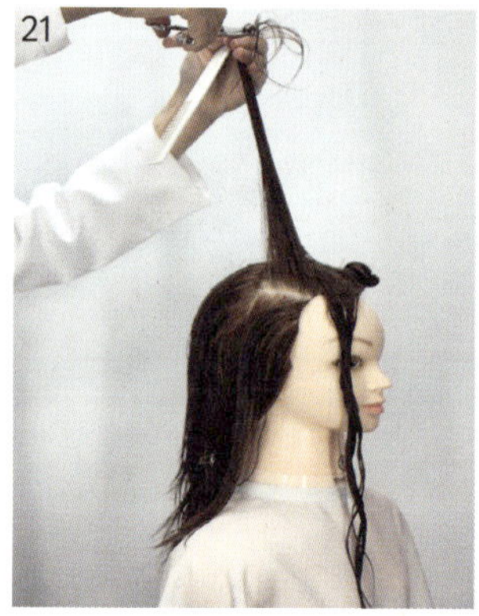

⑪ 측두부 피봇 파팅하여 측중선으로 OD하여 L 커트한다.

⑫ 마지막 전두부까지 동일하게 커트한다.

반대편도 동일하게 커트한다.

E.P 중심으로 피봇 섹션한다.

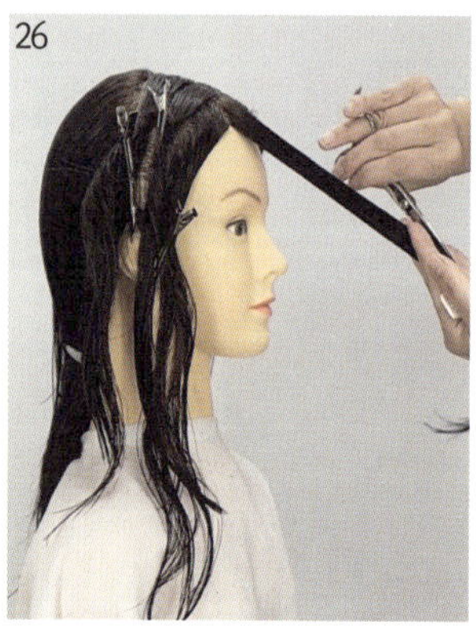

⑬ 첫 번째 2cm 파팅하여 턱선 가이드로 입꼬리 쪽으로 OD하여 레이어 커트한다.

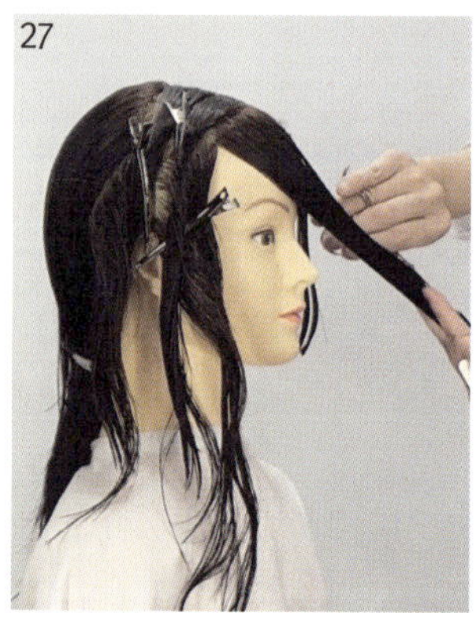

⑭ 두 번째 파팅 ⑬의 가이드와 연결하고 입꼬리 쪽으로 OD하여 레이어 커트한다.

⑮ 세 번째 턱선 쪽으로 OD하여 레이어 커트한다.

⑯ 마지막 파팅 아웃라인 유지하면서 레이어 커트한다.

⑰ 두 번째 섹션도 동일하게 커트한다.

⑱ 마지막 T.P까지 동일하게 커트한다.

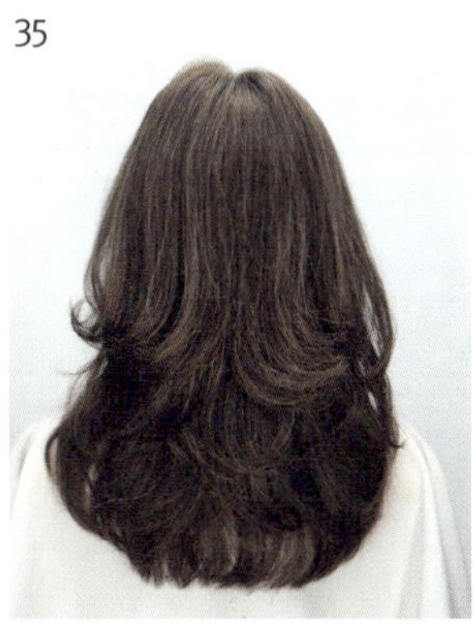

[Style number 11] 미디움 레이어 커트 응용

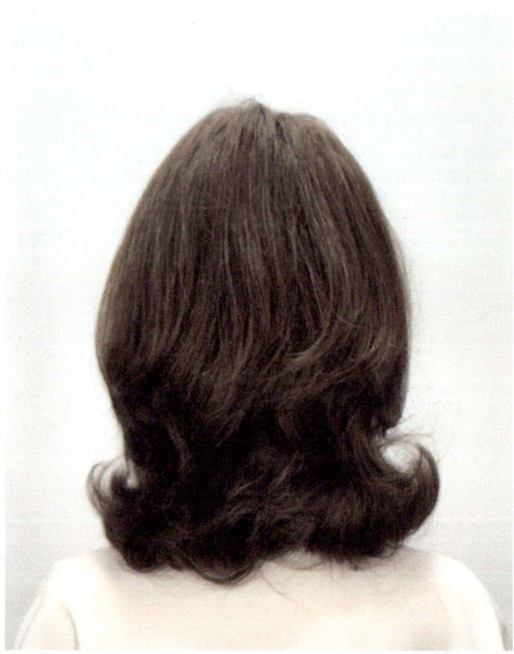

1. 커트 진행 방법 및 절차

두상구분 / 커트절차	후두부(Back)	측두부(Side)	프린지
형태	스퀘어 형태		시스루/사이드 뱅
브로킹	E.T.E 기본 4등분 브로킹		T.P~E.P까지
섹션 및 파팅	언더, 미들, 오버, 탑 섹션 / 세로 파팅		C.T.M.P~F.S.P까지 삼각섹션
손가락 / 분배	방향 분배 / 손가락 비평행		자연분배, 방향분배/평행
베이스	OD(Over Direct)		OD(Over Direct)
가이드 / 각도	두상각 90도 이상 / 이동가이드		리프트다운/리프트업/고정가이드

2. 커트 과정

1

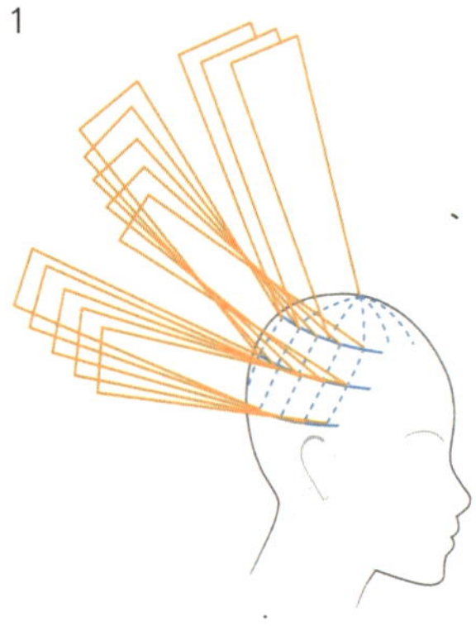

세로 섹션 활용한 롱레이어 스퀘어 라인 커트 도해도

2

[Style number 3] 원랭스 미디움 라인 아웃라인은 유지한다.

3

① F.S.P~G.P까지 오버섹션 나눈다.

4

5

6

② 2cm 세로 파팅하고 G.B.M.P 가이드로 90도 L(Layer) 커트한다.

7

8

9

③ 두번째 파팅 ②로 OD하여 L 커트한다.
(두상의 곡면이 크므로 점차적으로 리프트 업 하면서 커트한다)

④ 세 번째 파팅 ③으로 OD하여 연결하여 L 커트한다.

⑤ 후두부의 마지막 파팅 N.S.P 안쪽으로 OD하여 동일하게 연결 커트한다.
(두상의 곡면을 따라 90도로 커트한다)

⑥ 사이드의 첫 번째 파팅 ⑤로 OD하여 동일하게 연결 커트한다.

⑦ 사이드의 두 번째 파팅 측중선으로 OD하여 커트한다.

⑧ 세 번째 파팅 두 번째로 OD하여 커트한다.

⑨ 마지막 파팅 ⑧번 쪽으로 OD하여 커트한다.

⑩ 나머지 탑섹션 T.P 중심으로
피봇 파팅한다.

⑪ 첫 번째 파팅 정중선 쪽으로 OD하여 L 커트한다.
(두상의 곡면이 크므로 리프트 업 하면서 90도 커트한다)

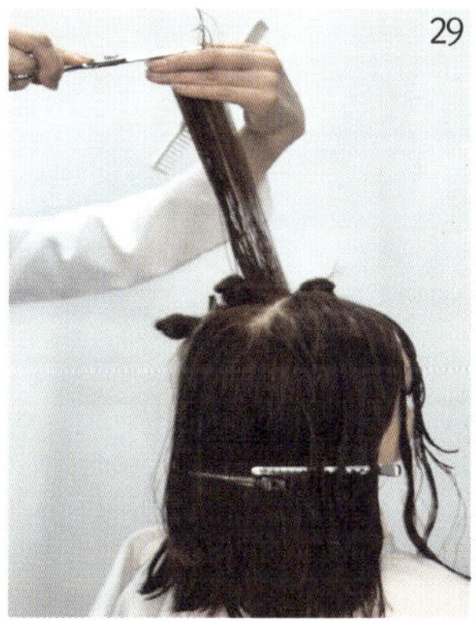

⑫ 두 번째 파팅 첫 번째 파팅 쪽으로 OD하여 동일하게 커트한다.

⑬ 세 번째 파팅도 첫 번째 파팅 쪽으로 OD하여 동일하게 커트한다.

32

33

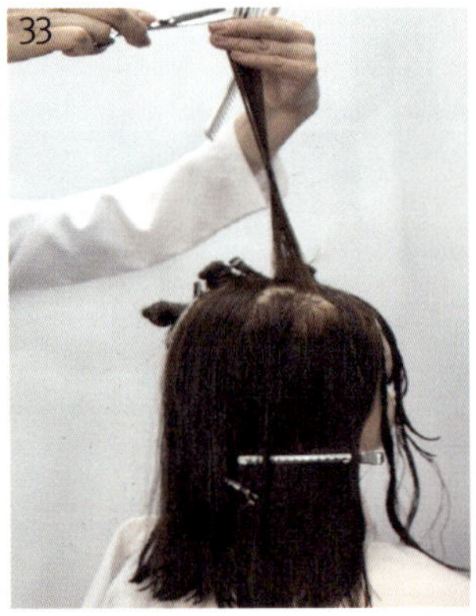

⑭ 후두부의 마지막 파팅 N.S.P 안쪽으로 OD하여 커트한다.

34

⑮ 사이드의 첫 번째 파팅 측중선으로 OD하여 커트한다.

35

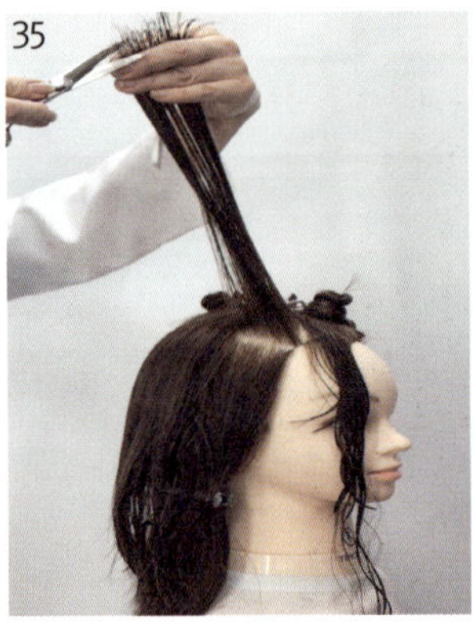

⑯ 사이드의 두 번째 파팅 첫 번째 파팅으로 OD하여 커트한다.

36

⑰ 마지막 파팅 두 번째 파팅으로 OD하여 커트한다.

37

⑱ 반대편도 동일하게 커트한다.

38

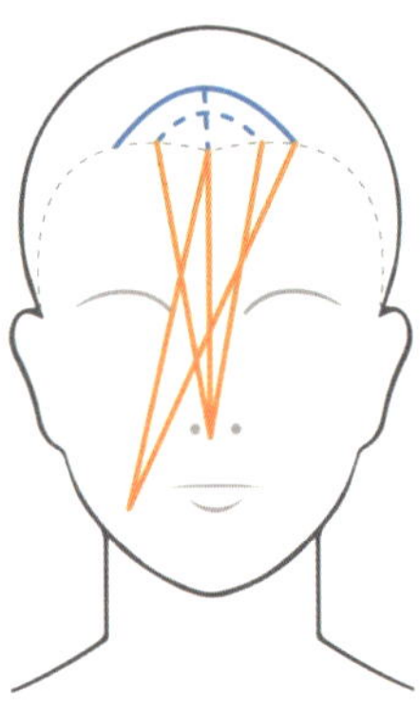

프린지 도해도

39

⑲ C.T.M.P~F.S.P까지 삼각 섹션으로 프린지 나눈 후 2등분한다.

40

⑳ 첫 번째 파팅은 C.P로 모아서 일자 커트한다.

41

42

㉑ 프린지 나머지는 위로 방향분배하여 일자 커트한다.

43

44

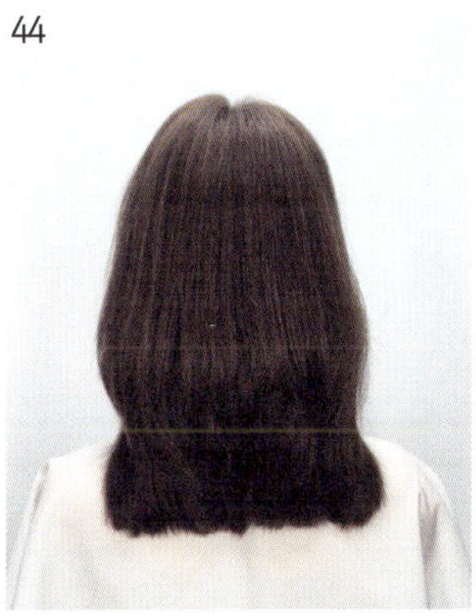

45

46

47

48

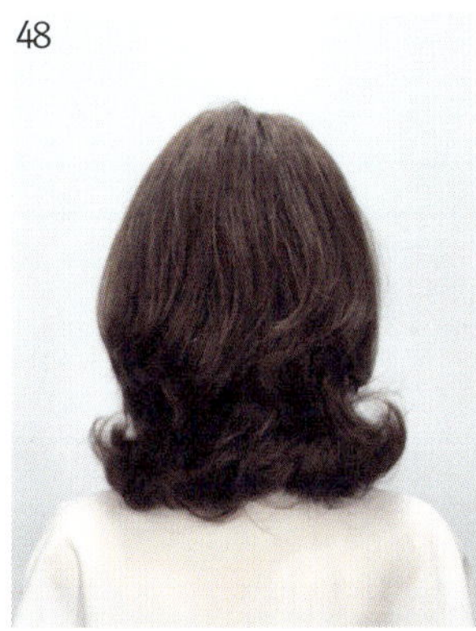

학습자 체크리스트

단원명: Chapter 3. 아웃라인 유지 레이어 커트 & 섹셔닝 기법 실습

항목	학습 내용	이해했나요? ✓	실습해 봤나요? ✓	자신 있어요? ✓
1. 아웃라인 유지의 이해	원랭스 아웃라인을 유지하며 층을 부여하는 원리를 이해했다.	☐	☐	☐
2. 세로 섹션의 개념	세로 파팅(Vertical Parting)을 정확히 나누고 커트에 적용할 수 있다.	☐	☐	☐
3. 피봇 파팅의 개념 및 기법의 이해	피봇 파팅(Pivot Parting)의 중심 설정과 분배 방향을 설명할 수 있다.	☐	☐	☐
4. 분배의 이해	자연 분배와 방향 분배(Direction Distribution)의 차이를 이해하고 활용할 수 있다.	☐	☐	☐
5. 각도 조절의 이해	커트 시 두상 형태(Head Shape)를 고려한 가이드 각도를 조절할 수 있다.	☐	☐	☐
6. 온 베이스의 이해	온 베이스(On-Base) 커트 시 분배 각도를 올바르게 설정할 수 있다.	☐	☐	☐
7. 오버 다이렉션의 차이 설정 이해	오버 다이렉션(Over-Direction)을 이용해 길이 차이나 디자인 포인트를 조절할 수 있다.	☐	☐	☐
8. 섹션과 분배에 따른 형태 변화 이해	각 섹션과 분배 방향에 따라 커트 형태가 어떻게 달라지는지 설명할 수 있다.	☐	☐	☐
9. 자세에 따른 위치	실습 중 손의 위치, 시야, 인체 위치를 안정적으로 유지했다.	☐	☐	☐
10. 레이어 흐름 이해	전체 커트 후 균형감 있는 아웃라인과 레이어 흐름이 자연스럽게 연결되었다.	☐	☐	☐

제2부 여성 베이직 살롱 디자인 커트 실기

Chapter 4 베이직 숏 컷 라인

Chapter 4 베이직 숏 컷 라인

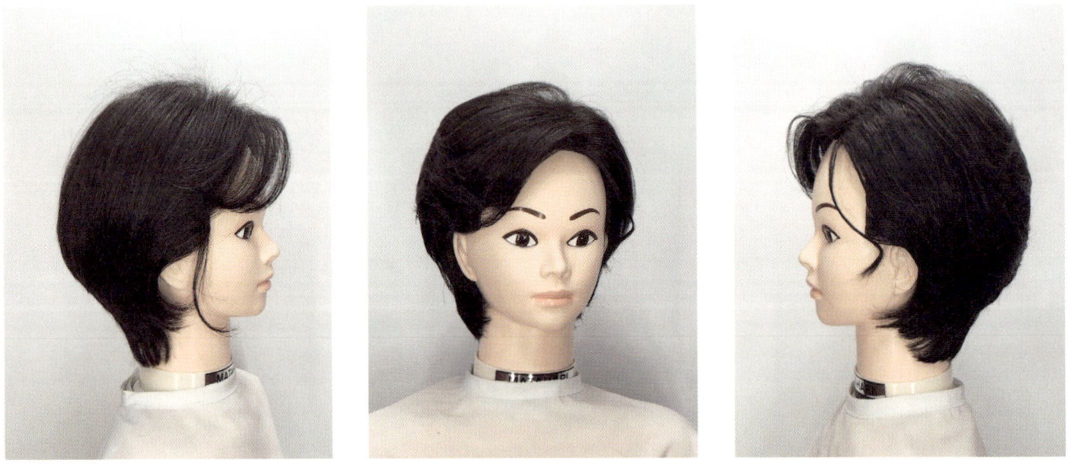

숏 컷 스퀘어 라인(147p)

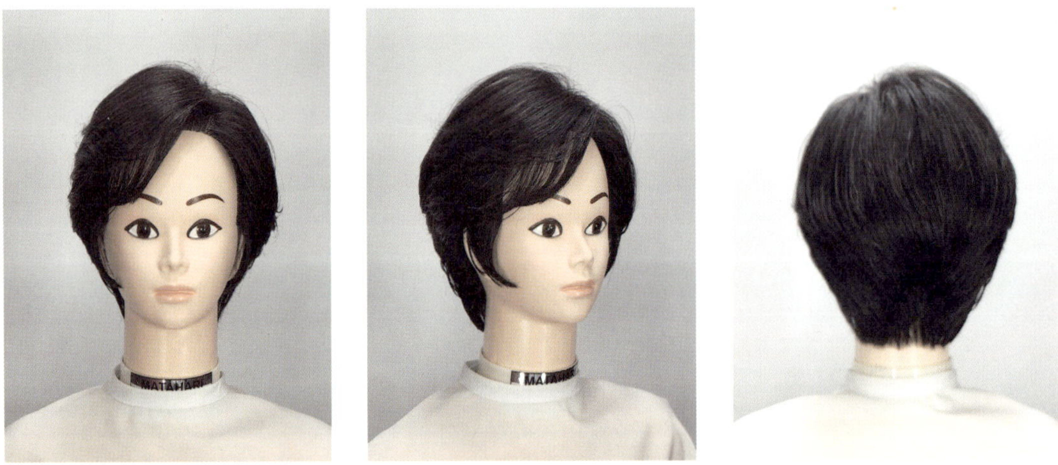

숏 컷 라운드 라인(155p)

1. 숏 컷의 개요와 특징

1) 개요

숏 컷(Short Cut)은 일반적으로 귀 위나 턱선 정도의 짧은 길이로 커트한 스타일을 말하며, 남녀 모두에게 잘 어울릴 수 있는 실용적이고 감각적인 스타일이다. 스타일의 변화를 통해 다양한 이미지를 연출할 수 있어 많은 이들에게 사랑받고 있다.

2) 숏 컷의 특징

- 얼굴 윤곽이 또렷하게 드러나 인상이 정돈되어 보이며, 시크하고 세련된 이미지를 강조할 수 있다.
- 앞머리 형태(뱅 스타일)에 따라 귀여운 느낌부터 중성적, 도도한 분위기까지 다양한 이미지 표현이 가능하다.
- 패션과 메이크업 스타일에 따라 분위기를 쉽게 전환할 수 있는 유연한 스타일이다.
- 남녀노소 누구에게나 다양한 접근이 가능하며, 개성과 트렌드를 반영하기 좋은 커트 방식이다.

이 장에서는 앞서 학습한 원랭스, 그라데이션, 레이어 기술을 응용하여 후두부에서 시작하는 스퀘어 라인의 숏 컷과 측두부에서 시작하는 라운드 라인의 기본 숏 컷을 다룬다. 이를 통해 다양한 형태의 숏 컷 구현 능력을 배양하고자 한다.

2. 학습 목표

학습자는 본 단원을 통해 아래의 핵심 역량을 이해하고 실습에 적용할 수 있다.

1) 숏 컷의 기본 개념과 구조를 이해한다.

- 스퀘어 라인과 라운드 라인의 차이를 설명할 수 있다.
- 각 형태가 얼굴형 및 인상에 미치는 영향을 분석할 수 있다.

2) 두상 구분에 따른 커트 분할 및 파팅 방향을 이해하고 실습에 적용할 수 있다.

- 후두부, 측두부, 전두부의 섹션 구분 및 연결 구조를 파악한다.
- 언더, 미들, 오버, 탑 섹션의 용도와 설정 방법을 이해한다.

3) E.T.E 브로킹을 기반으로 다양한 섹션 및 파팅 기법을 사용할 수 있다.

- 가로 파팅, 사선 파팅, 피봇 파팅 등 파팅 기법의 적용 원리를 설명할 수 있다.

4) 가이드 설정 및 이동 가이드 커트 방법을 정확히 실습할 수 있다.

- 네이프(Nape) 또는 측두부에서 시작되는 가이드 설정 방식을 이해하고 적용한다.
- OD(Over Direction), 리프트다운 등 커트의 원리를 실습에 반영할 수 있다.

5) 직각 분배 및 손가락 비평행 분배의 테크닉을 활용하여 형태를 구현할 수 있다.

- 커트 시 손의 위치, 빗질 각도, 분배 방향이 형태에 미치는 영향을 설명하고 조절할 수 있다.

6) 프린지 및 사이드 연결 커트의 디자인 원리를 이해하고 적용할 수 있다.

- 프린지 삼각 파팅과 직각 분배를 통한 디자인 커트를 수행할 수 있다.
- 측두부 후대각 파팅을 통해 안정감 있는 귀 라인을 설계할 수 있다.

7) 스퀘어 라인 및 라운드 라인의 숏 컷 형태를 완성할 수 있다.

- 구조적 이해를 바탕으로 이상적인 형태를 구현하고, 양 측면의 균형을 맞출 수 있다.

[Style number 12] 숏 컷 스퀘어 라인

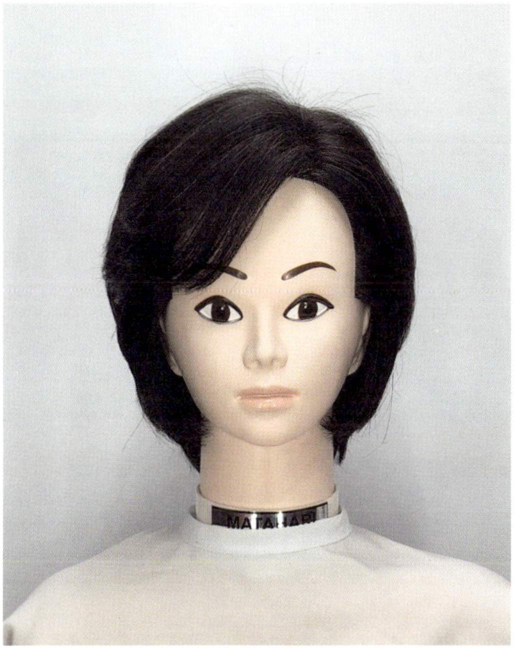

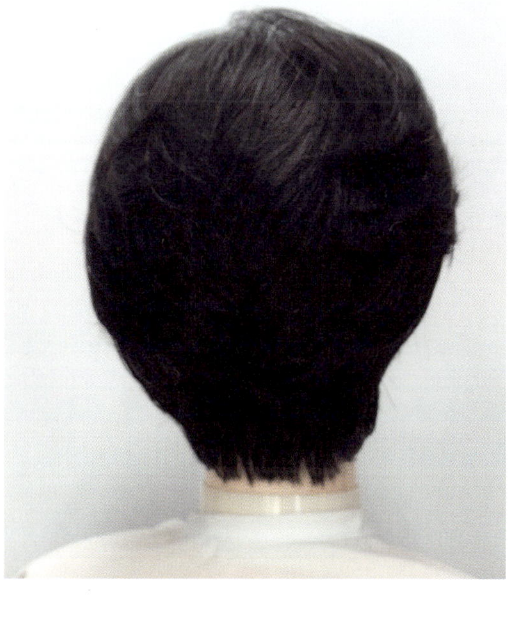

1. 커트 진행 방법 및 절차

두상구분 / 커트절차	후두부(Back)	측두부(Side)	프린지/페이스라인
형태	스퀘어 형태		사이드 뱅
브로킹	E.T.E 기본 4등분 브로킹		삼각섹션
섹션 및 파팅	언더, 미들, 오버, 탑 섹션 / 가로, 사선, 피봇 파팅		사선파팅
손가락 / 분배	방향 분배/ 손가락 비 평행		직각분배 / 평행
베이스	OD(Over Direct)		없음
가이드 / 각도	두상각 90도 이상 / 이동가이드		리프트다운

2. 커트 과정

1

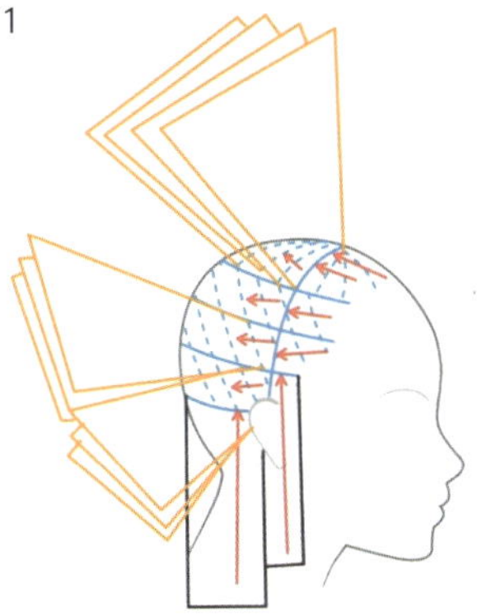

가로섹션과 사선섹션을 활용한
스퀘어 라인의 숏 컷 도해도

2

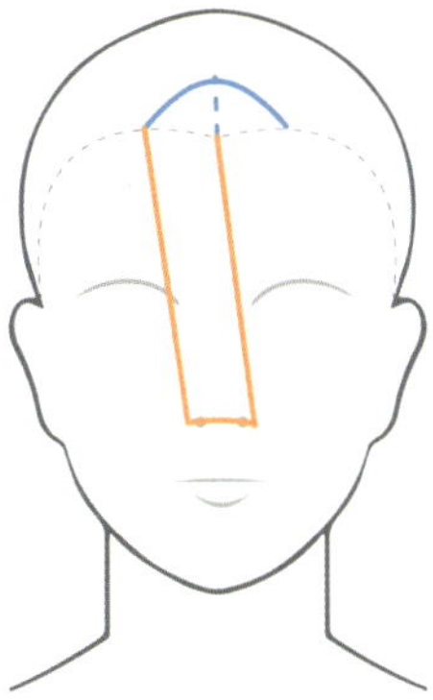

프린지 도해도

3

① E.T.E 4등분 브로킹 후 B.P
까지 언더 섹션 나눈다.

4

5

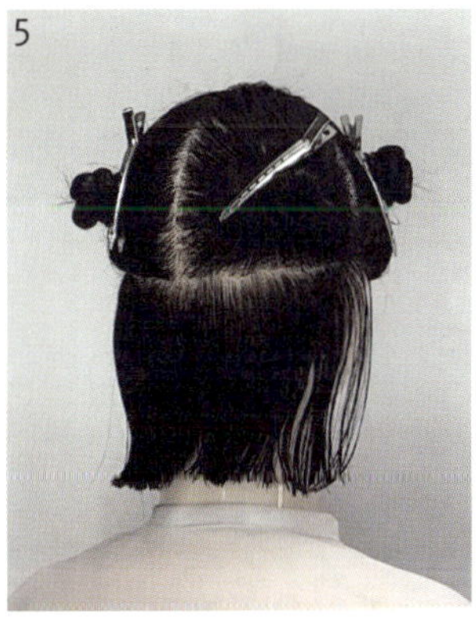

② N.P 5cm 가이드 설정하여 스퀘어 라인 커트한다.

6

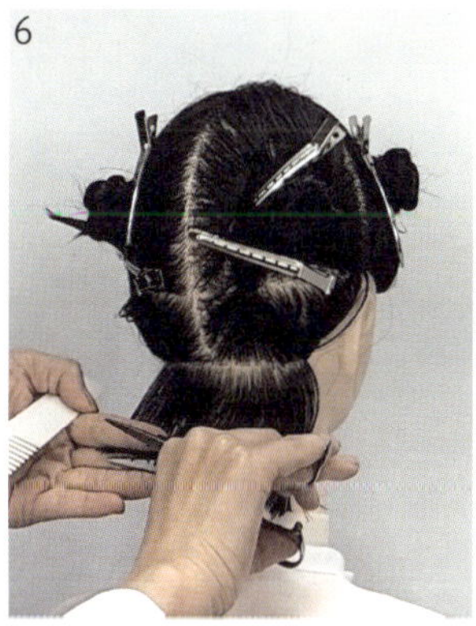

③ 언더섹션 첫 번째 가로 파팅
하고 스퀘어 라인 L 커트한다.

7

8

9

④ 계속하여 가로 파팅하고 동일하게 스퀘어 라인 L 커트한다.

⑤ G.B.M.P~측중선까지
미들섹션 나눈후 정중선 중심으로
사선 파팅하고 HG 커트한다.

⑥ 계속하여 사선 파팅하고
정중선 쪽으로 OD하여 동일하게
HG 커트한다.

⑦ N.S.P 지나지 않도록
방향 분배하여 커트한다.

⑧ G.P~측중선까지
오버섹션 나눈 후 사선 파팅하고
온 베이스 HG 커트한다.

⑨ 두 번째 사선 파팅하고
정중선 쪽으로 OD하여
HG 커트한다.

⑩ 계속하여 정중선 쪽으로
OD하여 동일하게 HG 커트한다.

⑪ N.S.P 지나지 않도록 방향 분배하여 커트한다.

19

⑫ 탑 섹션 T.P 중심으로 피봇 파팅한다.

20

⑬ 첫 번째 파팅 정중선에서 온 베이스 HG 커트한다.

21

⑭ 두 번째 파팅 정중선 쪽으로 OD하여 HG 커트한다.

22

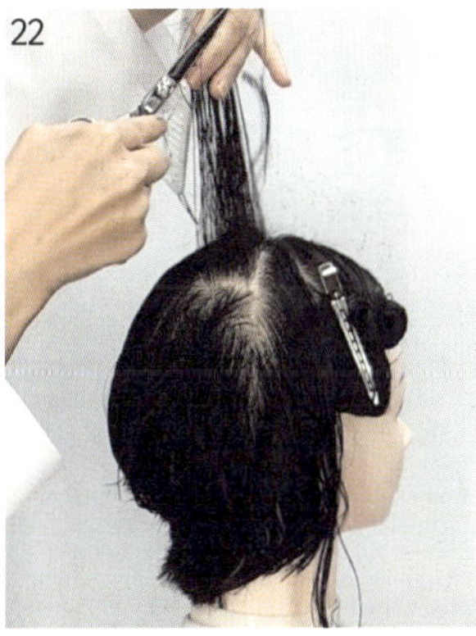

⑮ 계속하여 정중선 쪽으로 OD하여 스퀘어 라인이 될 수 있도록 빗질하여 HG 커트한다.

23

24

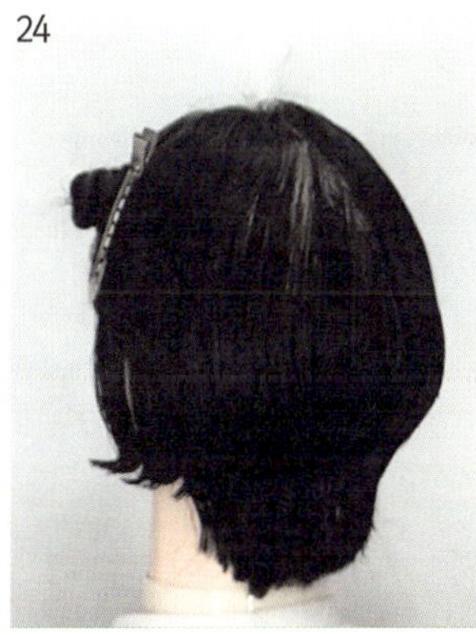

⑯ 사이드 커트 전 후두부 커트선 측중선 중심으로 빗질하여 체크 커트한다.

25

⑰ S.P~측중선까지 가로섹션 한다.

26

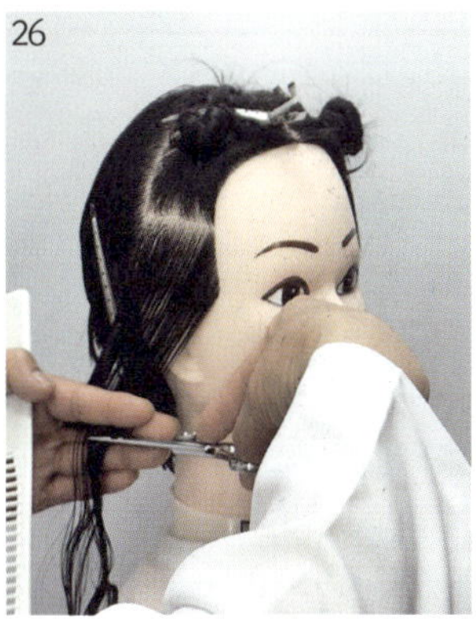

27

⑱ E.B.P 와 연결하여 스퀘어 라인 가이드 설정한다.

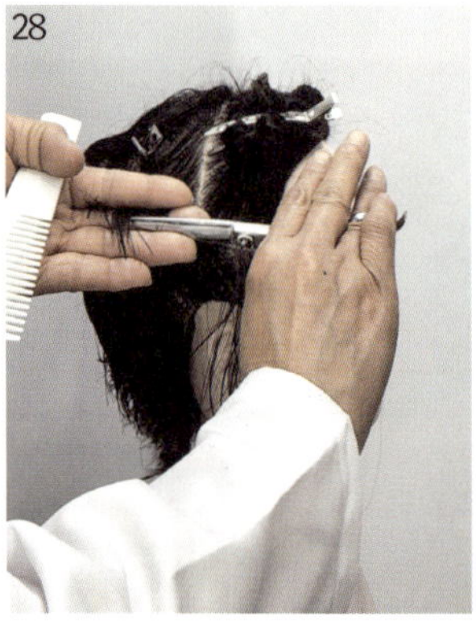

⑲ 가이드 설정 사이드 리프트 업하여 삐져 나오는 모발 제거하여 무게감을 없애준다.

⑳ F.S.P~측중선까지 가로 섹션한다.

㉑ 측중선 중심으로 피봇 파팅하고 측중선 쪽으로 OD하여 HG 커트한다

㉒ 계속하여 동일하게 측중선 쪽으로 OD하여 HG 커트한다

㉓ 반대쪽도 동일하게 커트한다.

㉔ 나머지 전두부 T.P 중심으로 피봇 파팅한다.

㉕ 측중선 쪽으로 OD하여 HG 커트한다.

37

38

39

㉖ 계속하여 동일하게 전두부 전체 측중선 쪽으로 OD하여 HG 커트한다.

40

반대쪽도 동일하게 커트한다.

41

42

㉗ 프린지 C.T.M.P와 F.S.P까지 삼각섹션하여 직각분배 리프트다운 레이어 커트한다.

43
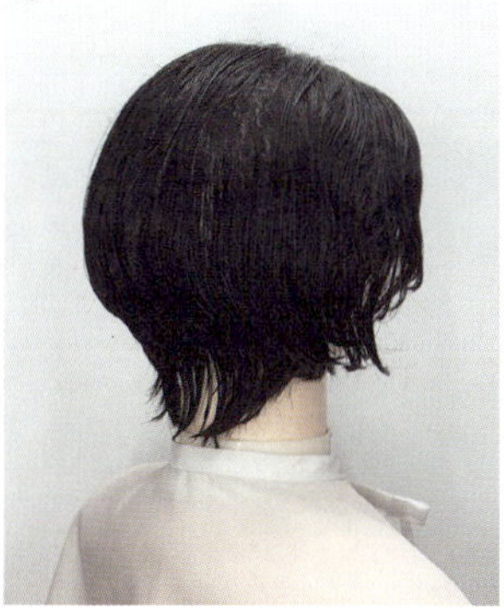

44

45
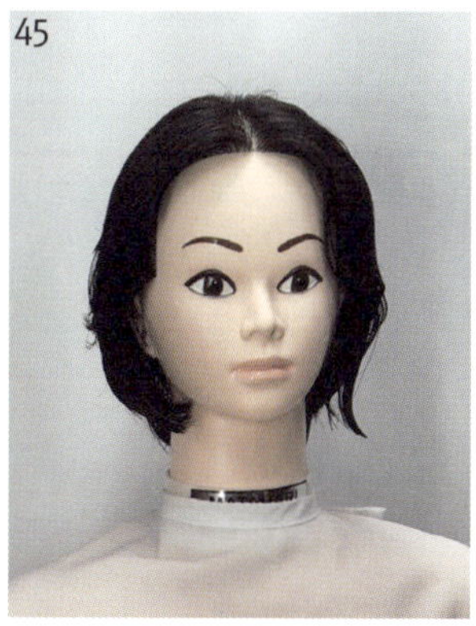

반대쪽도 동일하게 커트한다.

46

47
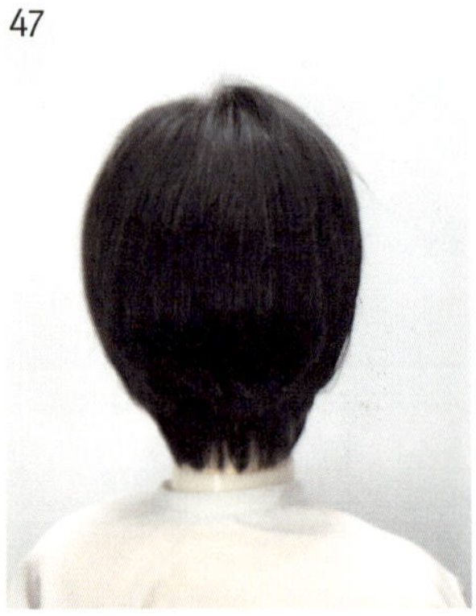

48

49

50
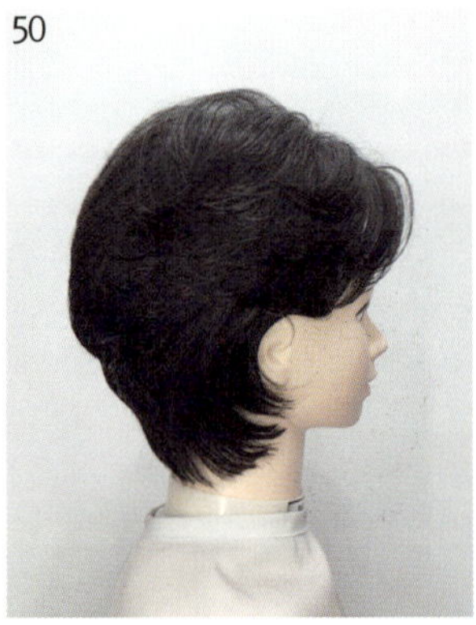

51
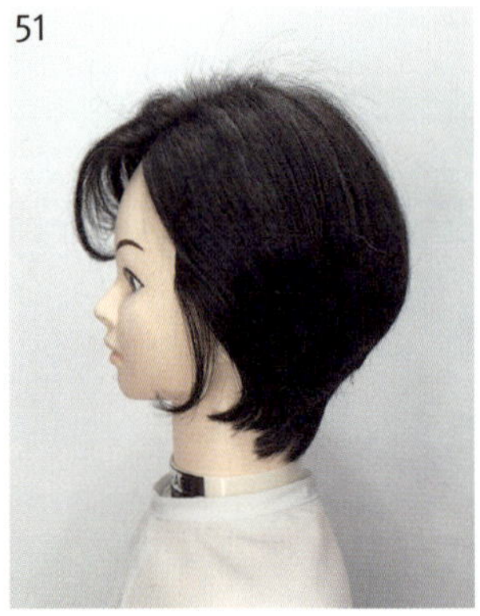

52

53
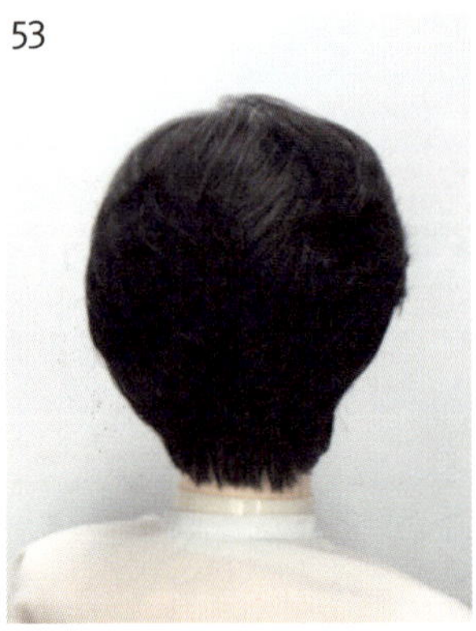

54

[Style number 13] 숏 컷 라운드 라인

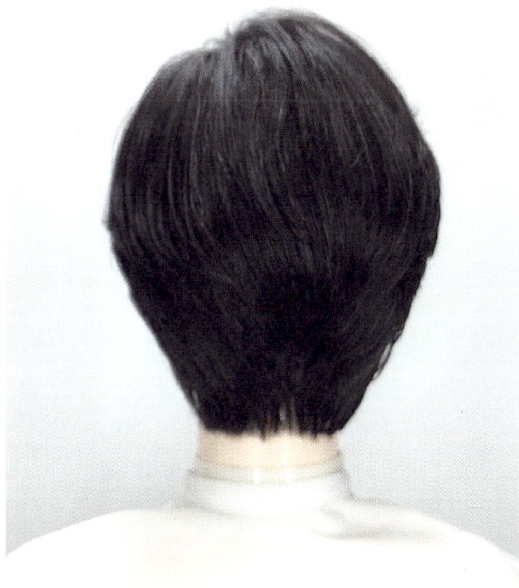

1. 커트 진행 방법 및 절차

두상구분 / 커트절차	후두부(Back)	측두부(Side)	프린지/페이스라인
형태	라운드/스퀘어		사이드 뱅
브로킹	E.T.E 기본 4등분 브로킹		전두부 브로킹
섹션 및 파팅	언더, 미들, 오버, 탑 섹션 / 후대각, 피봇 파팅		전두부 T.P 중심으로 피봇 파팅
손가락 / 분배	직각분배 / 손가락 비 평행		직각분배 / 비 평행
베이스	온 베이스		온 베이스
가이드 / 각도	두상각 90도 이상 / 이동가이드		90도 / 이동가이드

2. 커트 과정

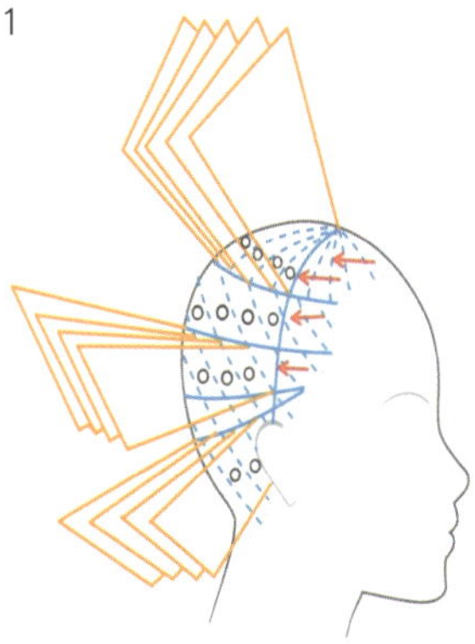

후대각 섹션 활용한 도해도

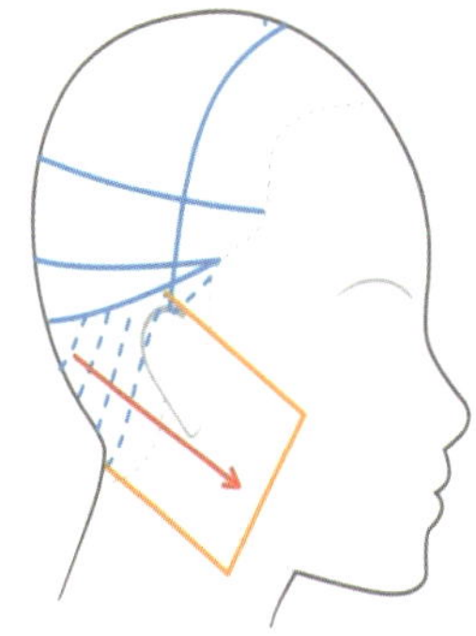

언더섹션을 후대각으로 시작한 도해도

① S.P~B.P까지 언더섹션 나눈다.

② 첫 번째 후대각 파팅하여 직각 분배하고 L 커트한다.

③ 두 번째 2cm 파팅하고 온 베이스 L 커트한다.

④ 계속하여 E.P까지 온 베이스 L 커트한다.

⑤ 후두부는 측중선에서 N.P 쪽으로 후대각 파팅하고 측중선과 연결하여 직각분배 커트한다.

⑥ 계속하여 후대각 파팅하고 네이프 라인 쪽으로 리프트다운하여 커트한다.

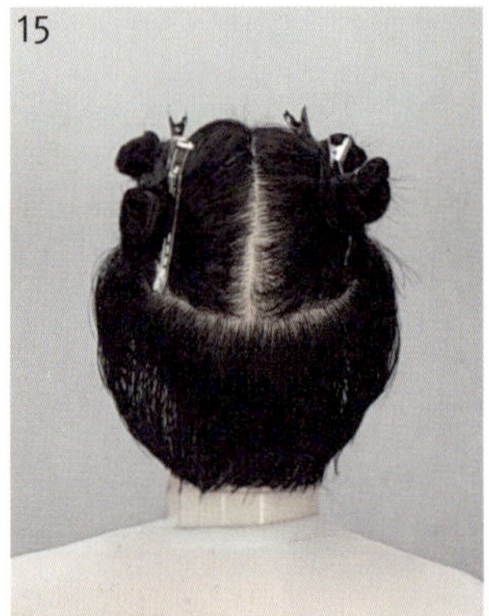

⑦ N.S.P 가이드로 일자 커트하여 후두부 가이드 설정한다.

⑧ 후두부 사선 파팅하여 네이프 라인 가이드로 온 베이스 HG 커트한다.

19

20

21

⑨ 계속하여 사선 파팅하고 온 베이스 HG 커트한다.

22

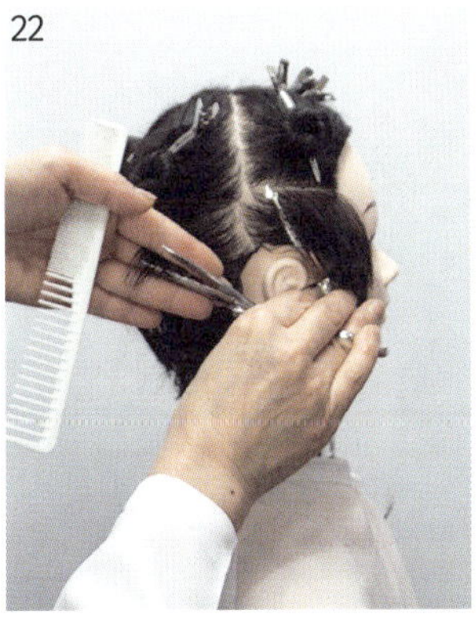

23

24

⑩ 계속하여 동일하게 파팅하고 측중선까지 온 베이스로 HG 커트한다.

25

⑪ G.B.M.P와 사이드 언더섹션의 측중선까지 미들섹션 나눈다.

26

27

⑫ 사선 파팅하고 온 베이스 HG 커트한다.

28

29

30

⑬ 계속하여 동일하게 커트한다.

31

⑭ G.P~F.S.P까지 오버섹션 나눈다.

32

33

⑮ 사선 파팅하고 온 베이스로 HG 커트한다.

34

35

36

⑯ 사이드는 후두부와 연결하여 사선 파팅하고 온 베이스 HG 커트한다.
(언더의 사이드와 반대 파팅이므로 어느 지점에서 디스커넥이 형성됨에 주의한다)

⑰ 나머지 T.P 중심으로
피봇 파팅한다.

⑱ 오버섹션과 연결하여
온 베이스 HG 커트한다.

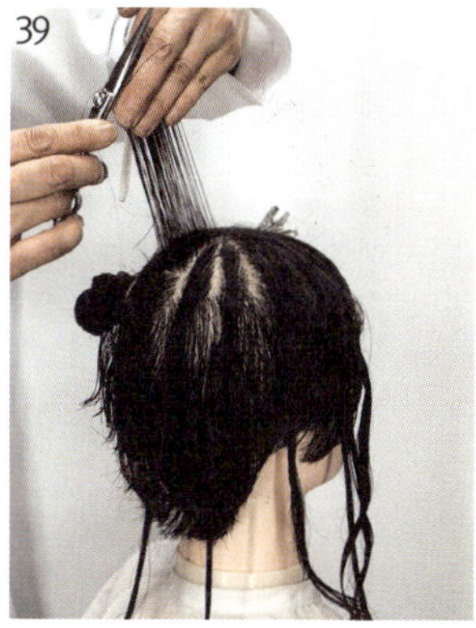

⑲ 두상의 곡면이 강한 곳이므로
나누어서 커트한다.

⑳ 계속하여 동일하게 파팅 나누어 가면서 동일하게 커트한다.

㉑ 전두부 전체 동일하게 커트한다.

46

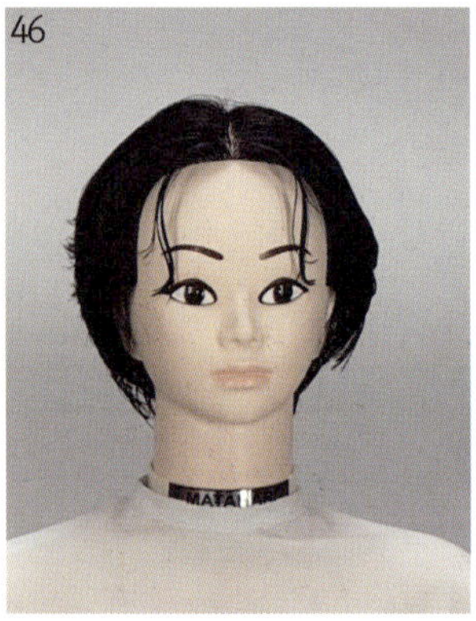

47

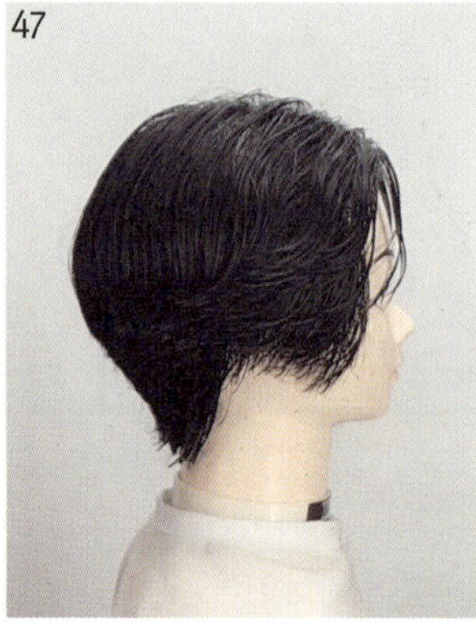

48

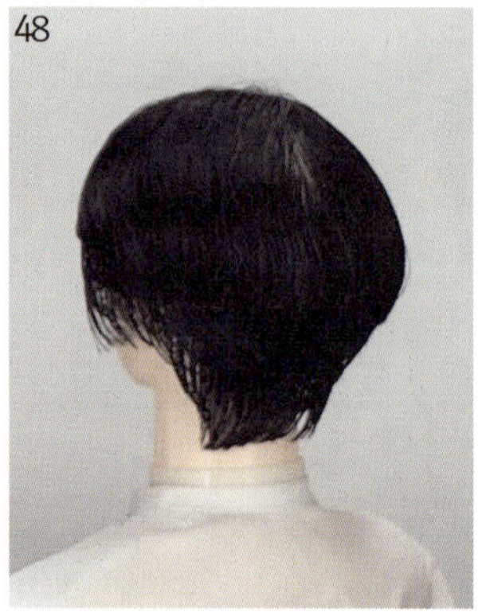

49

50

51

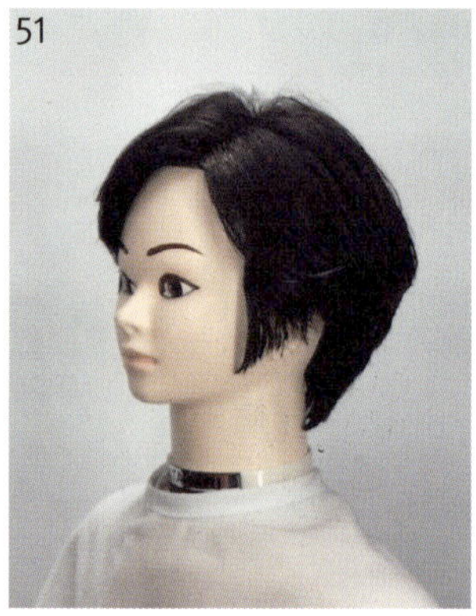

52

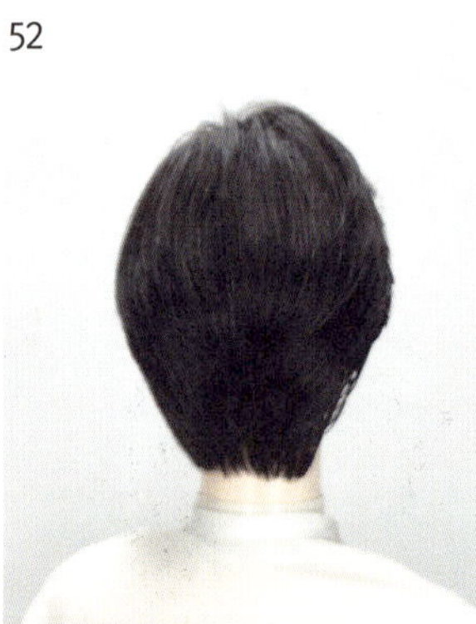

53

54

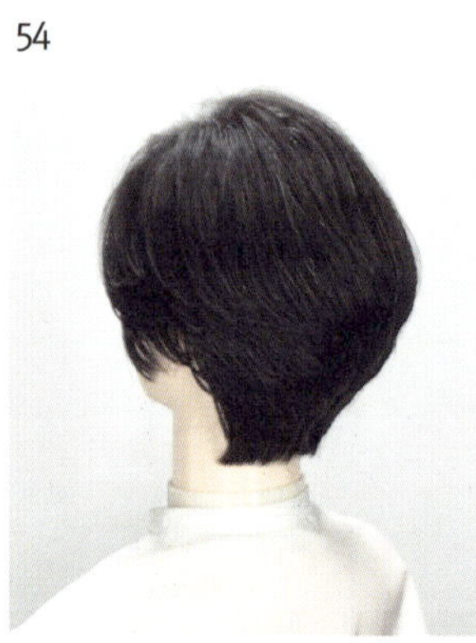

학습자 체크리스트

단원명: Chapter 4. 숏 컷 기본 구조 익히기 – 스퀘어 & 라운드 형태 완성하기

항목	학습 내용	이해 했나요? ✓	실습해 봤나요? ✓	자신 있어요? ✓
1. 숏 컷 개요	스퀘어/라운드 형태의 숏 컷 특징과 구조를 설명할 수 있다.	☐	☐	☐
2. 두상 구분	후두부, 측두부, 전두부의 섹션 구분과 연결 원리를 이해한다.	☐	☐	☐
3. 브로킹	E.T.E 기본 4등분 브로킹을 정확히 나눌 수 있다.	☐	☐	☐
4. 파팅	가로, 사선, 피봇 등 다양한 파팅을 정확히 구사할 수 있다.	☐	☐	☐
5. 가이드 설정	네이프 기준 가이드 설정 및 OD, 리프트다운 개념을 설명할 수 있다.	☐	☐	☐
6. 방향 분배	손가락 비평행, 직각 분배 등의 빗질 방향을 이해하고 조절할 수 있다.	☐	☐	☐
7. 프린지 커트	삼각 파팅 및 직각 분배를 통해 프린지를 설계할 수 있다.	☐	☐	☐
8. 귀 라인 연결	E.B.P를 기준으로 후두부와 측두부를 자연스럽게 연결할 수 있다.	☐	☐	☐
9. 형태 구현	스퀘어 및 라운드 형태의 숏 컷을 균형 있게 완성할 수 있다.	☐	☐	☐

참고문헌

- NCS 기초 헤어커트
- 미용장 마스터
- C.C.C 베이직커트
- hair sculpture ladies
- Okamula Cut Lesson
- 여성 살롱 디자인 커트
- 남성베이직살롱디자인커트
- 미용장 실기 창작 커트